E-Book inside.

Mit folgendem persönlichen Code können Sie die E-Book-Ausgabe dieses Buches downloaden.

```
1018r-65p6y-
2r100-wt441
```

Registrieren Sie sich unter
www.hanser-fachbuch.de/ebookinside
und nutzen Sie das E-Book
auf Ihrem Rechner*, Tablet-PC
und E-Book-Reader.

Der Download dieses Buches als E-Book unterliegt gesetzlichen Bestimmungen bzw. steuerrechtlichen Regelungen, die Sie unter www.hanser-fachbuch.de/ebookinside nachlesen können.
* Systemvoraussetzungen: Internet-Verbindung und Adobe® Reader®

Nagel
Love it, change it or leave it

Gerhard Nagel

Love it, change it or leave it
Überlebenstraining für Führungskräfte in der Sandwich-Position

HANSER

Der Autor:
Gerhard Nagel, Frankfurt

ISBN: 978-3-446-45131-5
eBook-ISBN: 978-3-446-45379-1

Bibliografische Information der Deutschen Nationalbibliothek
Die Deutsche Nationalbibliothek verzeichnet diese Publikation in der Deutschen Nationalbibliografie; detaillierte bibliografische Daten sind im Internet über *http://dnb.d-nb.de* abrufbar.

Das Werk einschließlich seiner Teile ist urheberrechtlich geschützt. Jede Verwertung, die nicht ausdrücklich vom Urheberrechtsgesetz zugelassen ist, bedarf vorheriger Zustimmung des Verlags. Das gilt insbesondere für Vervielfältigungen, Bearbeitungen, Übersetzungen, Mikroverfilmungen und die Einspeicherung und Verarbeitung in elektronischen Systemen.
Alle in diesem Buch enthaltenen Informationen wurden nach bestem Wissen zusammengestellt und mit Sorgfalt geprüft und getestet. Dennoch sind Fehler nicht ganz auszuschließen. Aus diesem Grund sind die im vorliegenden Buch enthaltenen Informationen mit keiner Verpflichtung oder Garantie irgendeiner Art verbunden. Autor und Verlag übernehmen infolgedessen keine Verantwortung und werden keine daraus folgende oder sonstige Haftung übernehmen, die auf irgendeine Weise aus der Benutzung dieser Informationen – oder Teilen davon – entsteht.
Ebensowenig übernehmen Autor und Verlag die Gewähr dafür, dass die beschriebenen Verfahren usw. frei von Schutzrechten Dritter sind. Die Wiedergabe von Gebrauchsnamen, Handelsnamen, Warenbezeichnungen usw. in diesem Werk berechtigen auch ohne besondere Kennzeichnung nicht zu der Annahme, dass solche Namen im Sinne des Warenzeichen- und Markenschutz-Gesetzgebung als frei zu betrachten wären und daher von jedermann benützt werden dürften.

© 2018 Carl Hanser Verlag GmbH & Co. KG, München
www.hanser-fachbuch.de
Lektorat: Lisa Hoffmann-Bäuml
Herstellung: Cornelia Rothenaicher
Umschlagrealisation: Stephan Rönigk
Satz: Kösel Media GmbH, Krugzell
Druck und Bindung: Friedrich Pustet GmbH & Co. KG, Regensburg
Printed in Germany

Inhaltsverzeichnis

Vorwort IX

1 **Zwischen den Fronten:**
  Die äußeren Rahmenbedingungen 1
1.1 Unterschiedliche Führungssituationen nach
    Unternehmensgröße 4
    1.1.1 Führungskräfte in Konzernen – umgeben
    von Tausenden Menschen und komplexen
    Systemen … und letztlich doch allein 5
    1.1.2 Führungskräfte im Mittelstand –
    klare Werte, präsente Chefs 11
    1.1.3 Führungskräfte in Kleinunternehmen –
    nah am Chef, nah am Menschen 14
1.2 Unterschiede in der Führungssituation nach
    Branchenkulturen – einige typische Felder 17
    1.2.1 Führungskräfte in der Fertigungsindustrie 17
    1.2.2 Führungskräfte in der öffentlichen
    Verwaltung 19
    1.2.3 Führungskräfte in Krankenhäusern 20
    1.2.4 Führungskräfte in Handel und
    Gastronomie 23

- 1.3 Verschiedene Rollenzuweisungen an die mittlere Führungsebene je nach Managementkultur 25
  - 1.3.1 Die mittlere Ebene als »Transmissionsriemen« 25
  - 1.3.2 Die mittlere Ebene als »Veränderungsmotor« 27
  - 1.3.3 Die mittlere Ebene als »Übersetzungsbüro« 32
  - 1.3.4 Die mittlere Ebene als Customer Center . 34
  - 1.3.5 Die mittlere Ebene als Innovationsplattform 35
- 1.4 Rollenerwartungen an die einzelne Führungskraft 36
  - 1.4.1 Mehrfachrollen 36
  - 1.4.2 Werte-Dilemmata 38

2 Ein Blick in Ihr »Innenleben« als Führungskraft 41
- 2.1 Warum sind Sie eigentlich Führungskraft geworden? 42
- 2.2 Wie legitimieren Sie sich als Führungskraft? 47
- 2.3 Welcher »Führungstyp« sind Sie? 49
- 2.4 Welche geheimen Mechanismen bestimmen Ihr Handeln? 53
- 2.5 Wie gehen Sie mit Ihren eigenen Emotionen um? . 56
- 2.6 Wie gehen Sie mit Loyalitätskonflikten um? 61
- 2.7 Wie gehen Sie mit Ihrer Work-Life-Balance um? .. 63

3 Irgendwie wird's schon weitergehen …: Die »klassischen« Bewältigungsstrategien von mittleren Führungskräften 69

4 »Love it, change it or leave it« 77
- 4.1 Die Formel richtig anwenden und einsetzen 78
- 4.2 Was steckt hinter der »Love it, change it or leave it«-Formel? 80

4.3		Wie komme ich zur für mich richtigen Entscheidung?	83
	4.3.1	Sachlicher Prüfungsprozess	87
	4.3.2	Emotionaler Prüfungsprozess	88
4.4		Wie entsteht ein »Vertrag mit mir selbst«?	92
4.5		»Love it«-Interventionen	94
4.6		»Change it«-Interventionen	95
4.7		»Leave it«-Interventionen	98

5 Von der Einzelaktion zum gemeinsamen Handeln in der mittleren Führungsebene 103

6	**Praxisinterviews**	**107**
6.1	Interview 1: Führungskraft mit »Leave it«-Strategie	107
6.2	Interview 2: Führungskraft mit »Change it«-Strategie	112
6.3	Interview 3: Führungskraft mit »Love it«-Strategie	116
6.4	Interview 4: Führungskraft mit Entscheidungsblockade, die sich für keine der Optionen entscheiden kann	118

7	**Epilog: Und wenn Sie dennoch nicht entscheiden?**	**123**
7.1	Nicht entscheiden WOLLEN	123
7.2	Nicht entscheiden KÖNNEN	125
7.3	Neuer Zugang durch systemisches Denken	127

Literatur 129

Tool-Verzeichnis 131

Stichwortverzeichnis 135

Der Autor 141

Vorwort

Wenn Sie dieses Buch in den Händen halten ... sind Sie entweder eine mittlere Führungskraft, die Wege sucht, mit ihrer komplexen, möglicherweise belastenden Situation fertigzuwerden. Oder Sie sind deren Partner und möchten begreifen, was an diesem Job so kompliziert ist, dass er das Leben des geliebten Menschen so massiv bestimmt ...

Oder Sie sind der Chef von mittleren Führungskräften, der endlich verstehen möchte, warum aus diesem engsten Umfeld so viele Klagen zu hören sind und warum möglicherweise so wenig unternehmerisch gedacht und gearbeitet wird.

Für Sie alle ist dieses Buch geschrieben, als Konzentrat von Jahrzehnten täglicher Begleitung und Zusammenarbeit mit Führungskräften aus dem mittleren Management. Und als Warnzeichen aus der Erfahrung in vielen Coachings mit überlasteten, frustrierten und desorientierten Menschen, die keine Perspektive in ihrem Leben mehr sehen, krank werden und irgendwann aus der Leistungsgesellschaft herausfallen.

Das muss nicht so sein, das darf nicht so sein. Denn die Führung von Menschen, von Teams, Abteilungen oder ganzen Unternehmensbereichen kann so erfüllend sein. Wenn, ja wenn wir nur die Kurve zu mehr Selbstbestimmung, dem Ausleben der eigenen Ziele und Potenziale und einer sinnvollen Work-Life-Balance hinbekommen würden.

Dieses Buch geht genau diesen Fragen nach, bietet Stoff zum

Nachdenken, zeigt Wege und Lösungen auf. Beispielhafte, fiktive Führungskräfte kommen zu Wort, schildern ihre Erfahrungen und ihren Suchprozess.

Sie werden sich vielleicht wiederfinden in der einen oder anderen Passage, werden möglicherweise mitleiden oder bestätigend lächeln. Ja, anderen geht es auch so. Ganz vielen geht es so. Man braucht nur die vielen Management-Coaches befragen, die im Kleinen, in der Mikrowelt der vielfältigen Symptomatik arbeiten und sich ihre Gedanken machen, was »da draußen« eigentlich vorgeht, was Menschen erst hilflos und dann irgendwann krank macht. Uns allen, die wir sozusagen Reparaturfunktionen in einem kranken System wahrnehmen, wird dabei immer klarer: Alleine wird es eine überlastete Führungskraft kaum schaffen, eine Kehrtwende einzuleiten. Es braucht eine Neuorientierung des gesamten Systems, also genau der Menschen, die ich in den ersten Zeilen angesprochen habe. Die oberste Leitung jedes Unternehmens muss sich Gedanken machen. Und das private Umfeld der Führungskräfte genauso.

»Love it, change it or leave it« ist in diesem Kontext zwar keine Zauberformel, aber ein wichtiger Kompass, der uns aus der Opferrolle herausführt und wieder zum »Chef unseres Lebens« macht. Und Sie ahnen es natürlich schon: Am Ende des Tages landet alles wieder bei uns selbst. Denn WIR sind verantwortlich für UNSER Leben und nicht die Firma, die Organisation, die Kollegen, die Kunden, die Gesellschaft.

Genau darum geht es in diesem Buch. Viel Erfolg auf der Suche nach IHREM Weg.

Herbst 2017,
Greifenberg am Ammersee und Frankfurt am Main
Gerhard Nagel

1 Zwischen den Fronten: Die äußeren Rahmenbedingungen

Führungskräfte im mittleren Management – ein Blick hinter die Kulissen des Systems

Wenn wir über mittlere Führungskräfte sprechen, dann sollte erst einmal definiert sein, wer und was damit gemeint ist. Denn während die oberste Führung qua Amt immer sofort erkennbar ist, bleibt die mittlere Ebene meist ein wenig im Schatten der Firmenspitze. Dabei reden wir allein in Deutschland über mehrere Hunderttausend Menschen, die als mittlere Führungskräfte mit DISZIPLINARISCHEN Vollmachten ausgestattet sind und in ihrer Funktion zwischen oberster Leitung und den Mitarbeitern stehen. Hinzu kommt die immer schneller wachsende Gruppe von LATERALEN FÜHRUNGSKRÄFTEN, die zwar keine disziplinarische Vollmacht haben, die aber als Key Player massiven Einfluss in den Unternehmen ausüben und in irgendeiner Weise führend handeln.

Jeder, der bereits Managementfunktionen innehatte, weiß genau, ohne diese »mittleren« Führungskräfte geht überhaupt nichts, sie sind das Bindeglied zwischen den großen Strategien und Visionen der Leitung und den Mitarbeitern und garantieren die Umsetzung aller Pläne in die Wirklichkeit. Damit sind sie vor allem die Praktiker, die Umsetzer, sozusagen die Akteure, während die Regisseure eine Etage höher sitzen. Aber die

Akteure agieren immer weniger, sie sind in erschreckendem Umfang desorientiert und frustriert, empfinden immer weniger Raum und Möglichkeit der Selbststeuerung und begnügen sich abends oft mit dem kleinen, bitteren Erfolg, dass sie es den Tag über wieder einmal geschafft haben, das Schiff gerade so über Wasser zu halten.

In den 90er-Jahren wurde die mittlere Führungsebene im industriellen Bereich endgültig als das zentrale Problemfeld vieler Unternehmen entlarvt, als »Lähmschicht« degradiert und durch die Mangel von Lean-Management-Programmen gejagt. Übrig blieben in vielen Fällen ein gestörtes Vertrauensverhältnis und eine deutlich vergrößerte Führungsspanne (Zahl der direkt unterstellten Mitarbeiter). Alles dies trägt bis heute zur Befindlichkeit der Führungskräfte bei, die sich täglich höchsten Leistungsanforderungen ausgesetzt sehen, selbst aber wenig Wertschätzung bekommen und sich in permanentem Rechtfertigungszwang für die eigene Position fühlen. Wie halten das Menschen über lange Zeit aus? Und warum?

Als Berater, Trainer und Coach begleite ich eine Vielzahl solcher mittlerer Führungskräfte und stelle in den letzten Jahren massive Veränderungen fest, die in eine gefährliche Richtung gehen. Ich erlebe Überlastung, Rollenkonflikte, Desorientierung, Veränderungsabwehr, innere Resignation und vieles mehr, was ein kraftvolles Agieren einer Führungskraft hemmt. Meine eigenen Beobachtungen werden gestützt durch die Aussagen vieler direkt Betroffener, von Beraterkollegen, von Coaches, Ärzten – und durch Studien von Prognos und die Dr. Jürgen Meyer Stiftung. Letztlich kann man einführend und grob vereinfacht die in Bild 1.1 dargestellte Frage stellen.

Natürlich sollten wir uns vor Allgemeinheiten hüten, es gibt auch die anderen Beispiele, erfreuliche Ausnahmen, Menschen, die sich täglich mit Führungskunst und Positiv-Spirit in ihren Unternehmen bewähren ... von »oben« bestens unterstützt, gefördert und als Gesprächspartner ernst genommen, nach »unten« kraftvoll, durchsetzungsstark und dennoch empathisch agierend. Doch der Mainstream der Führungskräfte lebt und führt anders, fremdbestimmt, reaktiv, überfordert.

Bild 1.1 *Die »Führungskraft«*

Eine solche Situation kann man mental ein paar Wochen, vielleicht auch ein paar Monate aushalten, keinesfalls aber jahrelang oder gar bis zum Ende des Berufslebens. »Wo ist das ganze Potenzial dieser Menschen?«, fragt man sich schnell. Wie es möglich, dass so viele Unternehmen es sich offensichtlich leisten können, dieses Potenzial so entsetzlich zu vergeuden? Wie ist es möglich, dass die Chefs zuschauen, wie ihre Führungskräfte stiller und stiller werden, wie sich Witzchen über »die da oben« an den Kaffeemaschinen breitmachen, wie die Meetings zu ermüdenden Ritualen werden, wo auf der Sachebene scheinbar gute Arbeit geleistet wird, die wirklich heißen Themen aber schön unter dem Tisch bleiben?

Doch auch die Betroffenen selbst müssen sich die Frage gefallen lassen, warum sie so leicht zu Opfern werden, warum sie sich erdrücken, gängeln und klein halten lassen. Jede Führungskraft entwickelt da ihre eigenen Strategien, viele davon habe ich hier nachverfolgt und kommentiert. Den vielfältigen Verdrängungsstrategien möchte dieses Buch einen klaren aktiven Weg entgegensetzen. Einen Weg, in dem die Führungskraft am Steuer und nicht im Fond sitzt. Einen Weg, der selbstbestimmt und aufrecht ist. Das wird einen Preis kosten, das ist klar. Doch der Preis, den eigenen Kompass zu verlieren, ist ungleich höher. Denn bei den Hunderttausenden mittleren Führungskräften in Deutschland schlummert ein gigantisches Potenzial, das endlich freigesetzt werden muss, damit unsere Unternehmen besser geführt werden und die Akteure gesünder und glücklicher leben können.

Und dann schauen wir wieder auf die Positivmomente der Positivmenschen in den Positivunternehmen. Schnell kommen wir zu dem Schluss: Das ist ja einfach, unter so guten Rahmenbedingungen kann (fast) jeder führen. Also doch lieber auf die standhaften Kämpfer in schlecht von oben geführten Betrieben schauen, die sich wacker dem miesen Spirit widersetzen und es schaffen, in ihrem eigenen Bereich eine Subkultur aufzubauen. Wie geht so etwas, welche eigene Verfassung braucht es, wie stark lässt sich eine eigene kleine Welt in einem kritischen Kosmos bauen? Führt eine solche Dauerbelastung zum Burn-out? Schauen wir doch einmal etwas hinter die Kulissen und differenzieren das Bild.

1.1 Unterschiedliche Führungssituationen nach Unternehmensgröße

Will man sich dem Phänomen »mittlere Führungskraft« nähern und begreifen, welche Rahmenbedingungen, welche Chancen und welche Zwänge solche Menschen in ihren Systemen erleben, wird eine Differenzierung nach der Größe der Unternehmen dringend erforderlich. Denn es macht einen gewaltigen Unterschied, eine mittlere Führungskraft in einem Konzerngeschehen oder in einem familiär geprägten Kleinunternehmen zu sein. Ob man sich jeden Tag mit einem präsenten und handelnden Chef auseinandersetzen muss oder stattdessen Teil eines ausgefeilten Controlling-Systems mit weit entfernten

Führungskräften ist, ob man fast familiär und freundschaftlich in die Inhaberthemen einbezogen wird oder anonym als Mitarbeiter einer bestimmten Managementebene geführt wird – alle diese Faktoren wirken massiv auf die eigene Befindlichkeit und die Rollensituation einer Führungskraft ein ...

1.1.1 Führungskräfte in Konzernen – umgeben von Tausenden Menschen und komplexen Systemen ... und letztlich doch allein

Fragt man Führungskräfte aus dem mittleren Management von Großunternehmen oder Konzernen nach ihrer Situation, bekommt man immer wieder zu hören, dass sie auf der einen Seite von »oben« sehr wenig persönliche Führung erfahren, auf der anderen Seite von der Vielfalt an Managementsystemen erdrückt werden, die sie täglich zu bedienen haben. Ihre Arbeitsweise ist aufgrund der Unternehmensgröße wesentlich strategischer und managerartiger als bei den Kollegen im Mittelstand oder gar in KMUs.

Ein großes Problem erleben die Führungskräfte oft in der Diskrepanz zwischen den Führungserwartungen, die die Unternehmensleitung an sie stellt, und der Führung, die sie durch genau diese Leitung selbst erfahren. Diese beschränkt sich in sehr vielen Fällen auf das obligatorische Jahresgespräch und das Controlling der Zielerreichung.

Menschenentwicklung, individuelles Eingehen auf die eigene Situation, empathisches Einfühlen in die Situation des anderen – meist Mangelware. Dafür gibt es auf der anderen Seite der Medaille einen großen Gestaltungsfreiraum, professionelle Arbeitsbedingungen und vielfältige Karrieremöglichkeiten.

TOOL 1: GUT FÜHREN, WENN MAN SELBST SCHLECHT GEFÜHRT WIRD

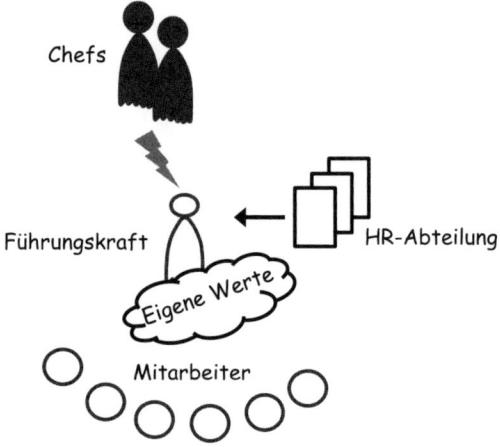

Meine Haltung:
Nicht wie ich SELBST geführt werde, leitet mich, sondern meine eigenen Wertmaßstäbe, Haltungen, Überzeugungen. Ich führe so, wie ich selbst gerne geführt werden würde!

Da die Vorbilder von oben meist fehlen, da es kaum einen Gesprächskontakt zum Thema Menschenführung oder Mitarbeiterentwicklung gibt, fühlen sich viele mittlere Führungskräfte in diesen Fragen sehr allein gelassen. Dieses Vakuum füllen in den Großunternehmen meist die HR-Abteilungen, die für die Führungskräfte hier wichtige und fachkundige Gesprächspartner sein können. Für die eigene Führung nach »unten« kann diese Sublimation funktionieren, für das »geführt werden von oben« keinesfalls, denn nichts kann das ehrliche Feedback des eigenen Chefs ersetzen.

Potenziert werden diese Probleme noch bei den Führungskräften, die in einer Matrixorganisation eingebettet sind. Denn hier kommt zu der Balance zwischen »oben« und »unten« noch die Bewegung in die dritte Dimension, also »seitwärts«. In der Matrixorganisation erfolgt ein ständiges Abwägen, mit wem was kommuniziert werden muss, wen man einweiht, wen man einbezieht, wie weit man selbst gehen kann. Dabei wird es in Konzernen inzwischen als »normal« angesehen, dass die fachliche Führung möglicherweise weit entfernt im Ausland oder einer Konzernzentrale liegt, die Kommunikation erfolgt hier meist über intensive, aber emotional extrem schwierige WebEx-Konferenzen, in denen ausschließlich auf der Sachebene gearbeitet wird. Alle emotionalen Aspekte von Problemthemen bleiben so unbearbeitet und werden entweder überhaupt nicht ausgetragen oder von der mittleren Führungskraft alleine bewältigt.

 TOOL 2: FÜHREN IN DER MATRIX

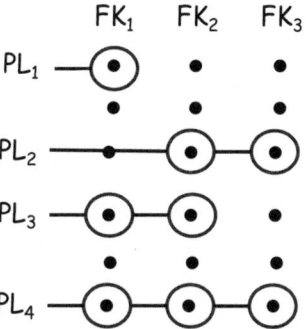

In einer Matrixorganisation wirken verschiedene Ebenen (hier Führungskraft und Projektleiter) gleichzeitig auf die Mitarbeiter ein.

Die Führungskraft in der Matrixorganisation hat natürlicherweise ein anderes Zielsystem als ein ressourcenorientierter Projektleiter. Dies führt vor allem dann zu Friktionen, wenn die Rollen zwischen den einwirkenden Chefs nicht geklärt sind. Die einzig sinnvolle Lösung innerhalb dieses Systems ist die enge Abstimmung zwischen Führungskräften und Projektleiter, die Offenlegung von Zieldifferenzen und die Führung der Mitarbeitergespräche durch BEIDE Vorgesetzten.

Und dennoch – bei allem Verständnis für die organisatorische Notwendigkeit, in einem Konzerngeschehen fachliche und disziplinarische Führung trennen zu müssen – was hier den mittleren Führungskräften an Reibungsverlusten, schlechter Abstimmung bis zu bewusster Kriegsführung und Machtpolitik zugemutet wird, ist mehr als bedenklich und kann schnell in Überlast und Burn-out führen …

Ein weiterer Aspekt der Arbeitsweise von Führungskräften in Großunternehmen ist der subtile Zwang zur Machtabsicherung. In den Labyrinthen der komplexen Organisationen werden vielfältige Machtspiele gespielt, die mittlere Führungskräfte beunruhigen und die sie durchschauen zu müssen glauben, um die eigene Position zu sichern. Das bindet erhebliche Kräfte, die an anderen Stellen fehlen. Neue Führungskräfte brauchen in manchen Organisationen Jahre, um die verdeckten Mechanismen zu durchschauen und die eigene Position zu finden. Je nach eigener Persönlichkeitsstruktur (siehe Typologiemodell) fällt dies eher leicht, wird vielleicht sogar zu einem spannenden Spiel oder auf der anderen Seite zu einem ständigen Albtraum für die Beteiligten.

TOOL 3: UMGANG MIT MACHTSPIELEN

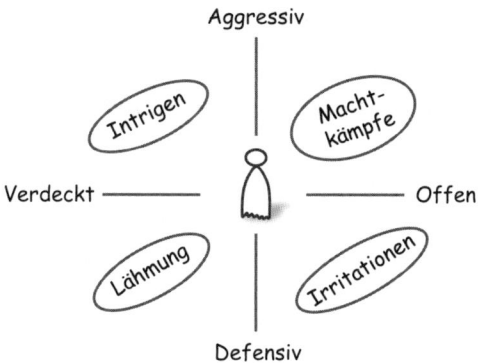

Wenn Sie als mittlere Führungskraft in Machtspiele verwickelt oder verstrickt sind, ist es entscheidend, die Mittel und Motivationen der Player herauszufinden und die eigene Situation mit Abstand zu reflektieren. Finden Sie heraus, wer die direkt und indirekten Beteiligten sind, und machen Sie sich die Strategien der verschiedenen Akteure klar.

Der Umgang mit den Realitäten eines komplexen Wertesystems mit Tausenden Akteuren stellt eine weitere Herausforderung für Führungskräfte in Großunternehmen dar. Dort agieren die Führungskräfte in einer Welt, die auf der einen Seite in Leitbildern, Führungssystemen und Unternehmensverfassungen exakt und oft idealistisch beschrieben ist, in der es aber tausend Auslegungen und eine Fülle von Subkulturen gibt, die oft ohne einen Regelungsversuch von oben nebeneinander existieren dürfen.

In diesem Gap zwischen definiertem Leitbild, erlebter Bereichsrealität und eigenem Werteanspruch navigieren die Führungskräfte der mittleren Ebene und suchen ihren Halt und Kompass.

Am ehesten gelingt dieser Spagat noch, wenn es einen stark führenden Bereichsleiter gibt, der seinen mittleren Führungskräften die »Soll-Kultur« vorgibt und nach »oben« verteidigt. Fehlt diese charismatische Orientierung, sind die mittleren Führungskräfte auf sich allein gestellt und müssen einen eigenen, stimmigen Weg zwischen Gehorsam zu den Konzernwerten und der Realität im Alltag finden.

> **TOOL 4: EIGENE WERTE LEBEN IM KONZERNUMFELD**
>
>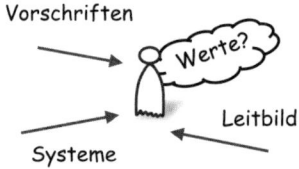
>
> Als mittlere Führungskraft ist man in Konzernen umgeben von einem durchstrukturierten, geregelten System. Das verführt dazu, die eigenen Duftmarken als Führungskraft zu vernachlässigen. Dabei erwarten die Mitarbeiter einen direkten Chef, der Flagge zeigt und einen eigenen Stil wagt. Finden Sie also die richtige Balance zwischen Kooperation mit dem Konzernsystem und dem eigenen, selbstbewusst-mutigen Auftritt.

1.1.2 Führungskräfte im Mittelstand – klare Werte, präsente Chefs

Mittelständische Unternehmen sind die ideale Spielwiese für die »Macher-Typen« unter den Führungskräften. Die Unternehmen sind schon groß genug für professionelles Arbeiten und interessante Aufgaben, aber oft noch zu klein, um mit zentralisierten Managementsystemen eine komplette Prozesslandschaft zu definieren. Dies gibt mittleren Führungskräften die Möglichkeit, selbst kreativ und unternehmerisch mitzugestalten und mitzudenken – es sei denn, der oder die Chefs wissen dies zu verhindern.

 TOOL 5: SOUVERÄNER UMGANG MIT CHARISMATISCHEN CHEFS

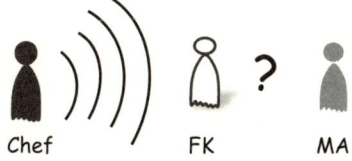

Charismatische Chefs haben eine große Aura. Damit verringern sie – oft unbewusst – den Raum für die mittleren Führungskräfte. Diesen Raum brauchen sie aber, um selbst erfolgreich führen zu können. Setzen Sie dem Charisma des Chefs also die eigene Begeisterung, die eigene Mission, die eigenen Werteüberzeugungen entgegen. Ihr Chef kann nur so viel Raum in Ihrem Feld einnehmen, wie Sie ihm lassen!

Mittlere Führungskräfte können in einem solchen Umfeld nur erfolgreich sein, wenn sie sich gut an die Chefs anpassen und deren Stil wenigstens einigermaßen mittragen können.

Für die Führung bleibt vielen Führungskräften im Mittelstand oft nur wenig Zeit, weil bereits die Anforderungen auf der Fachebene als massiv belastend und fordernd empfunden werden. Nicht wenige Führungskräfte sehen sich hier bereits an der Leistungsgrenze und haben für den Führungsanteil ihres Jobs eigentlich keine Zeit und Energiereserve. In dieser Not beschränken sich die Führungskräfte auf »Feuerwehr«-Aktivitäten und verlieren damit jeden Einfluss auf eine nachhaltige Entwicklung ihres Bereichs und ihres Personals. So laufen sie Gefahr, vom Treiber zum »Getriebenen« zu werden und den Geschehnissen nur noch hinterherzulaufen.

In die Sandwich-Falle (Bild 1.2) geraten die Führungskräfte in diesem Umfeld dann, wenn die Chefs nicht nur die Ziele vorgeben oder beeinflussen, sondern auch den Weg dahin bestimmen wollen – das bedeutet klare Wünsche an die Führungskräfte formulieren, wie sie mit ihren Mitarbeitern umgehen sollen. Verschärft wird diese Situation, wenn die Chefs sich von der Sichtweise, den Sorgen und Nöten der Basis entfernt haben und auf einer hohen Flughöhe agieren, die eine permanente »Übersetzungsleistung« der mittleren Führungskräfte notwendig macht. Wenn in diesem spannungsgeladenen Umfeld die Mitarbeiter wiederum ihren Führungskräften klare Botschaften übermitteln, die sie den Chefs zu vermitteln haben, entsteht ein nur schwer auflösbares Dauer-Dilemma.

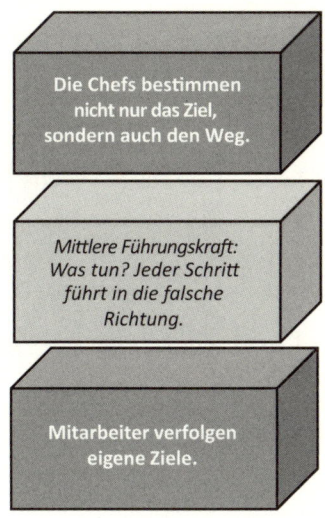

Bild 1.2 *Mittlere Führung in der Sandwich-Falle*

Wenn die Überforderung durch Fachaufgabe plus Führungsaufgabe plus Sandwich-Dilemma über Jahre nicht gelöst werden kann, entsteht das Potenzial für Burn-out, innere Resignation oder Radikalisierung der Führungskräfte. Wenn es in diesen Situationen keine Personalabteilung als Puffer und Moderator gibt, laufen die Unternehmen Gefahr, an Leistungsfähigkeit deutlich zu verlieren. Es kommt also für die mittelständischen Chefs darauf an, ein Klima von Offenheit zu schaffen und den Führungskräften ein sinnvolles Maß an Selbststeuerung zu gewähren.

TOOL 6: RAHMEN SCHAFFEN STATT DETAILS BESTIMMEN

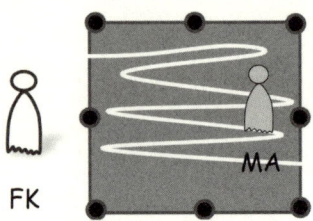

In einem modernen kooperativen Führungsstil führen die Führungskräfte über einen klaren Rahmen, den sie mit den Mitarbeitern vereinbaren, den sie vorleben und bei Verletzung auch schützen. Zum Rahmen gehören alle Managementsysteme, die Zielvereinbarungen, die definierten Prozesse und Verhaltensweisen, aber auch die individuellen Werte der mittleren Führungskraft, die sie in ihrem Bereich gelebt haben will.

Für die mittleren Führungskräfte liegt die entscheidende Herausforderung im eigenen Kompass und einer konfliktbereiten Übernahme von Selbstverantwortung.

1.1.3 Führungskräfte in Kleinunternehmen – nah am Chef, nah am Menschen

In Kleinunternehmen gibt es naturgemäß kaum Führungspositionen neben oder unter dem Inhaber, umso wichtiger sind aber diese wenigen Leistungsträger. Da es sich oft um Familienunternehmen handelt, geht meist eine sehr persönliche Vertrauensstellung einher mit der Position. Fehlende funktionale

Strukturen erfordern oft ein äußerst flexibles Handeln, die meisten mittleren Führungskräfte in Kleinunternehmen sind »Mädchen für alles«. In Sachen Führungsstil müssen sich die Führungskräfte engstens dem Chef oder den Chefs anpassen, alles ist so nah beieinander, dass unterschiedliche Auffassungen von Führung und Werten in ein gewaltiges Chaos führen würden. Dies macht eine hohe soziale Kompetenz der Führungskräfte notwendig, die aber gleichzeitig eine Vielzahl von Fachaufgaben erfüllen müssen – auch hier wieder ein idealer Nährboden für permanente Überlast, wenn es nicht gelingt, sich sauber und rechtzeitig abzugrenzen.

Die Intimität der Führungssituation (wenige Menschen auf kleinem Raum) macht einen engen Rollenabgleich zwischen Chef und Führungskraft notwendig, der nur durch gute Kommunikation und rechtzeitiges Erspüren und Bearbeiten von Konflikten erfolgreich gelingen kann.

Die Nähe zur Familie des/der Inhaber bringt es auch mit sich, dass familiäre Störungen direkt auf die Firma und das dortige Klima einwirken. Wenn neben dem Chef weitere Familienmitglieder im Unternehmen mitarbeiten, wird die Situation noch komplexer. Trennt sich ein Ehepaar, das gemeinsam das Unternehmen führt, kann das die gesamte Firma in Gefahr bringen, weil alles mit allem verbunden ist und keine professionellen Abgrenzungen mehr gelingen. Auch schwierige Nachfolgesituationen zwischen der alten und jungen Generation sind typisch für kleine Familienbetriebe. Hier müssen die mittleren Führungskräfte besonders aufpassen, im Räderwerk der ungelösten familiären Konflikte nicht Schaden zu nehmen.

Insgesamt ist eine solche Führungsaufgabe in einem Kleinunternehmen nur Menschen anzuraten, die über eine hohe soziale Kompetenz und über ausgeprägte Abgrenzungsfähigkeiten verfügen.

TOOL 7: GORDON-MODELL – WER HAT EIGENTLICH GERADE DAS PROBLEM?

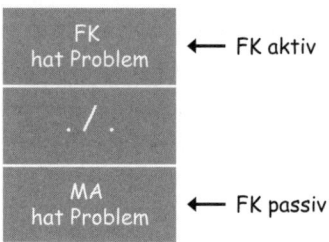

Hinter der Frage, wer gerade eigentlich das Problem hat, liegt für die mittlere Führungskraft ein existenziell wichtiges Thema: Wer hat die Lösungsverantwortung? Das Gordon-Modell weist hier den Weg zu einer gesunden Verlagerung von Problemverantwortung an den Mitarbeiter – wo immer möglich und sinnvoll.

Ein weiteres heißes Thema für Führungskräfte in Kleinunternehmen ist die Frage der Solidarisierung mit »oben« oder »unten«.

Wenn die Führungskraft aus der Mitarbeiterschaft hochgestiegen ist (weil sie vorbildlich oder zuverlässig oder fachkompetent oder alles zusammen war) wird sie sich vermutlich eher mit den Mitarbeitern als mit dem Arbeitgeber solidarisieren. Das kann in vielen Situationen zu erheblichen Loyalitätsproblemen führen (z. B. wenn der Chef in einer Krise harte Maßnahmen durchsteuern will und von seiner Führungskraft den Vollzug erwartet).

Führungskräfte, die von außen kommen, neigen dagegen oft dazu, sich mit dem zu solidarisieren, der sie eingestellt hat, hier tauchen dann die Probleme an der entgegengesetzten Stelle auf, indem die Nähe und Glaubwürdigkeit zu den Mitarbeitern abbricht.

Wie auch immer, eine mittlere Führungskraft in Kleinunternehmen sollte immer genau wissen, WAS gerade passiert, WER beteiligt ist und WELCHE Ziele gerade verfolgt werden.

1.2 Unterschiede in der Führungssituation nach Branchenkulturen – einige typische Felder

1.2.1 Führungskräfte in der Fertigungsindustrie

Sie sind die Manager unter den Führungskräften. Das mittlere Management in der Fertigungsindustrie hält ein oft hochprofessionelles Fertigungssystem am Laufen, immer die Soll-Zahlen und Benchmarks im Nacken. Wer sich hier bewähren will, muss mit einer profunden Mischung aus Fachwissen, sozialer Kompetenz und Methodenkompetenz ausgestattet sein.

Der Rationalisierungsdruck ist gewaltig, wenn es darum geht, in der oberen Liga mitzuspielen. Menschenführung, Nachhaltigkeit, Prozessdenken bleiben dabei oft auf der Strecke. Die wirklich guten Führungskräfte versuchen jeden Tag, ein Stück gegenzuhalten, den Menschen im Mitarbeiter noch ein wenig zu sehen und zu berücksichtigen. Aber die Systemzwänge sind mächtig, denen sie unterworfen sind – und die Führungsspannen wachsen.

Seit den 80er-/90er-Jahren stellen sich Technologieunternehmen in Deutschland auf den internationalen Wettbewerb ein und bauen mutig ihre Strukturen um. »Reengineering« war damals das Stichwort, unter dem vorher nicht für möglich empfundene Einschnitte in die Organisationen vorgenommen wurden. Die danach folgenden Weltwirtschaftskrisen verstärkten nochmals den Zwang zur Kostensenkung und hinterließen eine veränderte Fertigungswelt, in der teilweise ganze Hierarchieebenen gestrichen wurden. So ist z. B. die Meisterebene nur noch in wenigen Unternehmen vorzufinden, stattdessen wurden die Fertigungsbereiche zu Teams umstrukturiert, die aber nur noch Sprecher oder informelle Teamleiter haben. Für die mittlere Führungsebene brachte dies eine massive Erhöhung ihrer Führungsspanne mit sich. Nicht selten führen Führungskräfte hier mehr als 50 Mitarbeiter in direkter disziplinarischer Verantwortung.

Jeder, der die Gesetze und Mechanismen der Führung kennt, weiß, dass Führungsspannen von 20 und mehr Mitarbeitern in direkter Linie nur mit massiven Einschränkungen an proaktiver Mitarbeiterentwicklung zu bewerkstelligen sind. Natürlich kann man einwenden, dass die Führung eines Fertigungsbereichs mit Mitarbeitern von geringem Bildungsgrad nicht so anspruchsvoll ist wie die Führung eines IT-Bereichs mit hoch qualifizierten Einzelkämpfern. Trotzdem bleibt in den hochgerüsteten Fertigungsunternehmen die Situation für die mittlere Führungsebene kritisch.

Die guten Führungskräfte sind immer noch nah genug an ihren Mitarbeitern, um deren Sorgen und Situation zu kennen, haben aber unter den herrschenden Bedingungen und Prämissen nicht den Hauch einer Chance, darauf angemessen zur reagieren. So werden die Führungskräfte zwangsläufig zu »Feuerlöschern«, die in der knapp bemessenen Zeit nur noch die drängendsten Brände löschen können. Wer laut schreit, wird am ehesten von ihnen bedient. Wer als Mitarbeiter leise leidet oder leise einen hochprofessionellen Job macht, bekommt seine Führungskraft kaum zu Gesicht. Auch das Jahresgespräch kann den fehlenden Vertrauenskontakt und die fehlende menschliche Nähe nicht ersetzen.

1.2.2 Führungskräfte in der öffentlichen Verwaltung

Führungskräfte in der öffentlichen Verwaltung fühlen sich meist in einem komplexen System von Regelwerken und institutionellen Mechanismen gefangen, die oft jeden lockeren, natürlichen Umgang mit Menschen erschweren und überdecken. Dies führt für viele Führungskräfte zu einer hohen Unzufriedenheit, zu Perspektivlosigkeit und teilweise innerer Resignation. Das öffentliche System zu verlassen scheint keine sinnvolle Option, das System zu reformieren auch nicht.

> ☑ **TOOL 8: EIGENSTEUERUNG STATT FREMDSTEUERUNG**
>
>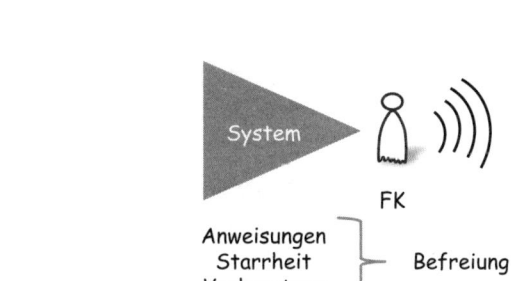
>
> In den Verwaltungen lastet ein mächtiges System auf jeder Führungskraft, das Einfluss nimmt auf jede einzelne Handlung. Dies kann leicht zu einer völlig defensiven, ergebenen Haltung der Führungskraft führen – und damit zu einer schädlichen Fremdsteuerung. Die Befreiung für die Führungskraft liegt im mutigen Ausloten des eigenen Raumes und der oft versteckten Freiheitsgrade innerhalb der vorherrschenden Systemkultur.

Hinzu kommt, dass die großen strategischen Entscheidungen immer politisch geprägt sind und aus Sicht der mittleren Führung teilweise an den sachlichen Erfordernissen vorbeigehen. In diesem Spannungsfeld kann das Gefühl der Ohnmacht und der Fremdsteuerung entstehen.

In der öffentlichen Verwaltung läuft die Positionierung und Machtabsicherung viel verdeckter ab als in der Industrie. Die ausgeprägte Systemträgheit und Veränderungsscheu vieler Menschen in Koppelung mit geringer Konfliktbereitschaft und offener Kommunikation schafft in vielen Verwaltungen ein Klima von Abgrenzung, Abschottung und Starrheit, das als typisch für Behörden gesehen und erlebt wird.

Es gibt aber auch sofort hervorstechende Positivbeispiele von Verwaltungen, die von einer modern denkenden, charismatischen Führungskraft an der Spitze geleitet werden. Deren mittlere Führungskräfte bilden – sofern sie zu der neuen Kultur passen – dann meist eine verschworene Gemeinschaft, die sich um den Verwaltungschef schart. Wechselt der moderne Behördenleiter und wird auf politischer Ebene durch eine konservative Kraft ersetzt, fällt der Aufbruchsgeist allerdings sehr schnell wieder in sich zusammen. Dies kann eine mittlere Führungskraft dann leicht dazu führen, sich mit der Haltung »ich mache einfach mein Ding hier« zurückzuziehen und sich dem konflikthaften Dialog zu entledigen.

1.2.3 Führungskräfte in Krankenhäusern

Die Führungswelt mittlerer Führungskräfte in Krankenhäusern unterscheidet sich stark von allen anderen in diesem Buch geschilderten Szenarien. Denn im Medizinsektor herrscht noch eine ständische, fachautoritäre Kultur, die sich vom industriellen Ansatz der geteilten Verantwortung deutlich unterscheidet. In Kliniken gibt es erst einmal die Besonderheit von zwei stark getrennten Welten und Kulturen: Ärzteschaft und Pflege stehen sich in nicht wenigen Häusern nach wie vor kritisch bis manchmal sogar verfeindet gegenüber – auch wenn fachübergreifende Konzepte wie Patientenpfade oder ganzheitliche Behandlungskonzepte scheinbar eine andere Sprache sprechen.

In der *Ärzteschaft* herrscht ein Führungscredo, das den Chefärzten die absolute Macht und Verantwortung gibt. Fachkompetenz und Führungskompetenz liegen hier in einer Hand, und nur wenige mutige Chefärzte wagen einen Systembruch und verleihen ihren Oberärzten echte Führungsverantwortung. So agiert die Ärzteschaft unter den Chefärzten oft in einer Grauzone von fachlicher Führung, der aber oft der disziplinarische Aspekt fehlt. Für die Chefärzte wiederum ist Menschenführung eher ein Randthema, dem sie sich kaum widmen und für das sie oft weder qualifiziert noch ausgebildet sind. Legitimiert für die Führung fühlen sich die Chefärzte durch ihren Wissens- und Fachvorsprung und die Machtposition ihrer Rolle … oft sind die Kulturen so, dass kaum ein Oberarzt oder Assistent wagt, sich aufzulehnen und kritische Gedanken oder innovative Ansätze einzubringen. Schwierige Führungsthemen schlagen bei den Oberärzten zwar auf, werden von diesen dann aber in einem meist eingespielten Verfahren an die Chefärzte weitergereicht, die für die Themen oft weder Zeit noch Nerven haben und im Bereich der sozialen Kompetenz auch kaum qualifiziert sind. So verharrt der Ärztebereich in einer autoritären Führungswelt, die der mittleren Ebene kaum Mitwirkungsmöglichkeiten in der Mitarbeiterführung lässt.

Der *Pflegebereich* ist im Innersten deutlich anders motiviert und legitimiert als der ärztliche Sektor. Steht bei den Ärzten eher die wissenschaftliche Ausrichtung und intellektuelle Durchdringung des Krankheitsbilds im Vordergrund, definiert sich die Pflege oft stärker an den Bedürfnissen des einzelnen Menschen. Führungskräfte im Pflegebereich zeigen oft eine starke »Helfer-Mentalität«, die bei einer chronischen Arbeitsüberlast und Ressourcenknappheit schnell in Burn-out-Strukturen führt. Kein Wunder, dass die Pflegeberufe im Burn-out-Ranking seit Jahren auf den vorderen Stellen rangieren. Anders als die oberärztlichen Kollegen sind die Pflegeleiter meist klassische, disziplinarische Führungskräfte, die »ihre« Mitarbeiter auf der Station führen. Die besonderen Schwierigkeiten liegen dabei in der Schnittstelle zur Ärzteschaft, im massiven Ressourcenmangel und der permanenten seelischen und körperlichen Überforderung der Menschen.

 TOOL 9: DRAMADREIECK

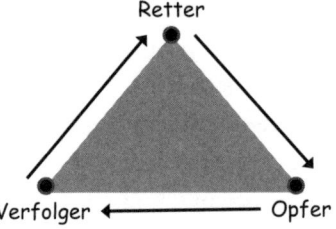

Gerade in sozialen Berufen sind Führungskräfte oft verstrickt in einen versteckten unheilvollen Kreislauf von Schuld, Anstrengung und verdeckter Aggression. Das Modell des Dramadreiecks zeigt eine Verstrickung, bei der die Akteure blitzschnell die Positionen tauschen können, immer aber im verhängnisvollen Kreislauf bleiben. So wird aus dem Opfer schnell der Verfolger, aus dem Retter das Opfer.

Der Ausweg führt über mutiges Offenlegen der emotionalen Prozesse im Hintergrund.

In den letzten beiden Jahrzehnten hat der ökonomische Zwang in den Kliniken zu einer neuen Kulturausprägung geführt. Klinikleiter, die sich als »Manager« definieren, Ärzte, die fachübergreifende »Projektleiter« werden, Klinikabläufe, die ähnlich einem Fertigungsprozess gestaltet werden – neben der Ausrichtung an einem hochprofessionellen Behandlungsstandard und dem menschlichen Aspekt der Pflege ist die ökonomische Orientierung zur dritten Säule der Führungskultur geworden. Und die Dilemmata der Führungskräfte haben sich potenziert.

1.2.4 Führungskräfte in Handel und Gastronomie

Hunderttausende mittlere Führungskräfte arbeiten in diesem Wirtschaftssektor und managen ihren stressigen Alltag zwischen engen ökonomischen Rahmenbedingungen, familienunfreundlichen Arbeitszeiten und mit oft gering ausgebildetem und motiviertem Personal.

Sei es nun der Filialleiter einer Franchisekette, der Abteilungsleiter eines Kaufhauses oder der Leiter eines Restaurantbereichs – alle diese Führungskräfte haben mit einer ähnlichen Problemstellung zu kämpfen: Wie bringt man gering qualifizierte, gering motivierte und heterogen ausgeprägte Mitarbeiter dazu, für wenig Geld und schlechte Arbeitsbedingungen Höchstleistungen zu bringen? Wie schafft man eine motivierende Arbeitsatmosphäre trotz hoher Mitarbeiterfluktuation? Wie sichert man höchste Kundenorientierung gerade in schnell wechselnden Belastungssituationen?

Führungskräfte müssen tief in die Trickkiste gewinnender Kommunikation greifen, um hier Erfolg zu haben. Teamgeist, Identifikation mit den Produkten und dem Konzept, gute Kollegialität und eine lockere Arbeitsatmosphäre lassen über so manche strukturellen Nachteile hinwegsehen. Aber diese Features sind schwer zu erschaffen, weshalb die mittleren guten Führungskräfte in diesen Branchen hochgefragt sind.

> ✅ **TOOL 10: GEWINNENDE KOMMUNIKATION DURCH ABHOLEN UND MITNEHMEN**
>
>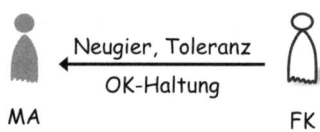
>
> Gewinnende Kommunikation gelingt über eine reflektierte innere Haltung, die geprägt ist von Toleranz und Neugier auf den anderen. Beim »Abholen und Mitnehmen« geht es nicht darum, eigene Werte und Haltungen durchzusetzen, sondern durch empathisches Eingehen auf den anderen einen offenen Kommunikationsbeginn zu erreichen. Auf dieser Basis kann die Führungskraft dann erste Schritte im eigenen Interesse gehen.

So ähnlich sich die Rahmenbedingungen zwischen den einzelnen Fachgruppen auf den ersten Blick anfühlen, so groß sind dann doch die Unterschiede zwischen den Führungskräften in Handelskonzernen im Vergleich zu denen in inhabergeführten Kleinunternehmen. Während eine Führungskraft in einem Handelskonzern ein komplettes Arbeits- und Managementsystem für ihre Einheit zur Verfügung gestellt bekommt und daran gemessen wird, wie sie in diesem engen, klaren Rahmen Leistung erbringt, navigiert eine Führungskraft in einem inhabergeführten Kleinbetrieb quasi im luftleeren Raum. Hier sind oft keinerlei Strukturen vorhanden, hier muss täglich improvisiert werden, hier ist großer Freiraum, aber auch der Zwang zu einer unglaublichen Flexibilität. Nicht jede Führungskraft ist für diese Gratwanderung geschaffen, und so kämpft die gesamte Branche auch gegen die Fluktuation in der Managementebene.

1.3 Verschiedene Rollenzuweisungen an die mittlere Führungsebene je nach Managementkultur

Wofür sind die Führungskräfte in einem Unternehmen eigentlich da? Diese Frage soll hier nicht zynisch, sondern ganz pragmatisch gestellt werden. Denn je nach der Kultur von Unternehmen kann die mittlere Ebene sehr verschiedene Rollen spielen ...

1.3.1 Die mittlere Ebene als »Transmissionsriemen«

... funktioniert in alter Top-down-Manier. Hier geht die Geschäftsführung davon aus, dass die mittleren Führungskräfte vor allem dazu da sind, Pläne, Strategien und Wünsche der Geschäftsführung umzusetzen. Dieser aus dem »Maschinenmodell« kommende Ansatz negiert eher die eigene Haltung und Intelligenz der mittleren Führungskräfte und macht diese zum reinen Umsetzer und Erfüllungsgehilfen.

Führungskräfte, die in einer solchen Kultur arbeiten, brauchen eine ausgeprägt »dienende« Haltung, werden aber auch nicht konzeptionell herausgefordert, sondern brauchen »nur« das operative Geschäft zu meistern.

Transmissionsriemen bedeutet aber auch, teilweise Ansätze weitertragen zu müssen, hinter denen sie nicht stehen können und bei denen keine Korrektur durch die mittlere Führung möglich scheint. Diese Führungsleistung, Ideen und Programme anderer mit höchster Loyalität und eigener Opferbereitschaft umzusetzen, kann gar nicht hoch genug eingeschätzt werden. Denn sie führt naturgemäß ins Dilemma einer Vermittlerrolle zwischen oberster Führung und Mitarbeitern, an der man sich im Lauf der Jahre aufreiben und überlasten kann.

 TOOL 11: DIE FÜHRUNGSKRAFT ALS »DIENER« IHRES SYSTEMS

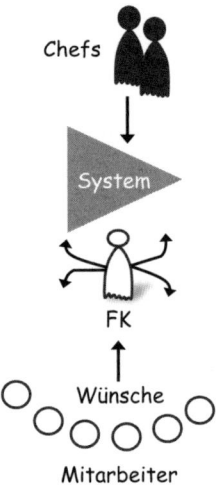

In einer ausgeprägten Top-down-Kultur versuchen viele mittlere Führungskräfte zu überleben, indem sie sich als »Diener des Systems« empfinden. Dabei stellen sie eigene Wünsche und Ziele hintan und agieren ausgleichend zwischen »oben« und »unten«. Die Lösung liegt in der Emanzipation der mittleren Führungskräfte, die für ihre eigenen Werte und Sichtweisen mutig in den Konflikt gehen sollten.

Nicht jeder Führungskraft ist diese »dienende Haltung« gegeben, und so filtern Unternehmen der Kategorie »TOP-DOWN« automatisch im Laufe der Jahre ihre Führungskräfte aus. Die proaktiven, gestalterischen Menschen werden ihre Heimat hier auf Dauer nicht finden, die Helfer-Persönlichkeiten, die gerne Ideen anderer umsetzen und sich ganz in den Dienst einer oberen Instanz stellen, werden ein gutes Feld für sich vorfinden.

1.3.2 Die mittlere Ebene als »Veränderungsmotor«

In einer modern denkenden obersten Führung, die schon mehrere Change-Prozesse durchlebt hat, gibt es meist die klare Erkenntnis, dass der Schlüsselfaktor für gelingende Veränderungen bei der mittleren Führungsebene liegt. Daraus folgert eine Unternehmensstrategie, die die mittleren Führungskräfte in einer zentralen Funktion für alle prozesshaften Fragestellungen sieht. Führungskräfte in dieser Kultur begreifen sich als Agenten des permanenten Wandels, haben eine ausgeprägte Führungs- und Kommunikationsfähigkeit und sind in die Umsetzungsvorhaben der Unternehmen tief eingebunden. Dieser Ansatz wird vor allem in Unternehmen mit hohem Veränderungspotenzial gelebt und stellt höchste Anforderungen an die Führungskräfte, die dadurch belohnt werden, dass sie sich als Gestalter und Unternehmensentwickler erleben.

Wie muss die Kultur einer mittleren Führungsebene beschaffen sein, um dem Zielmodell einer »Veränderungszentrale« gerecht zu werden? Die wichtigsten Kenntnisse sind hierfür:

A Kenntnis der Veränderungsmechanismen
Veränderungsprozesse durchlaufen immer wieder dieselben Phasen, wir Menschen reagieren darauf in immer denselben Schleifen und mit ähnlichen wiederkehrenden Emotionen.

Führungskräfte, die diese Mechanismen kennen und schon mehrfach mit ihren Mitarbeitern durchgestanden haben, können viel souveräner und entspannter durch die Veränderung führen. Denn in jeder der Phasen rücken andere Führungsfähigkeiten und Verhaltensweisen in den Vordergrund. In der Phase der *Kontinuität* oder Erstarrung sollten Führungskräfte ihre Mitarbeiter immer wieder aufrütteln und auf zukünftige Veränderungen vorbereiten. Bei den ersten *Störungen* sollte das tiefe und vorurteilsfreie Wahrnehmen der Veränderungen in der Außenwelt im Unternehmen geübt und diskutiert werden. Die daraus erfolgenden *Anpassungsmaßnahmen* sollten angemessen und stark genug dosiert sein. Wenn diese Antworten aus dem Unternehmen nicht schnell oder deutlich genug sind, lässt sich ein *schmerzhafter Anpassungsprozess* nicht verhindert. Die Führung sollte ihre Mitarbeiter mit klarem Kompass durch dieses Leiden führen und dennoch Zuversicht verbreiten, denn in dieser Leidensphase steckt ein entscheidender Motor für den späteren Erholungsprozess. Wenn der *Turnaround* geschafft ist, sollte in der Organisation verankert werden, wie es gelungen ist, das Steuer herumzuwerfen und das Unternehmen auf die Erfolgsspur zu bringen. Der oft schnelle und tief greifende *Erholungsprozess* sollte eng begleitet werden, damit der finale *Hub zur Verbesserung des Gesamtsystems* auch wirklich gelingt.

Danach beginnt der gesamte Mechanismus auf einem höheren Niveau von Neuem ...

TOOL 12: VERÄNDERUNGSMECHANISMEN

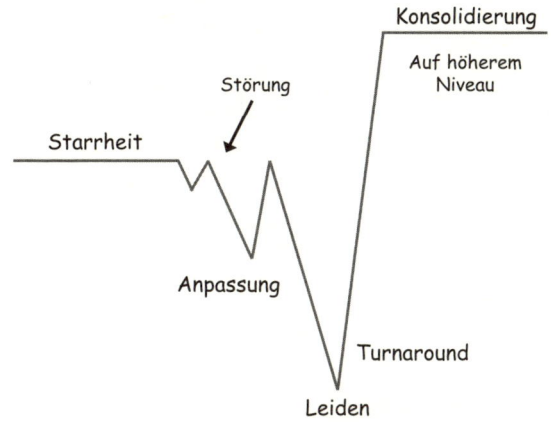

Erfahrene Führungskräfte kennen die besonderen Anforderungen in den einzelnen Phasen. So muss die Führung z. B. in der Phase der Starrheit die Kultur für Feedbacks von außen öffnen, in der Phase des Leidens ist enge, verständnisvolle Führung der Mitarbeiter notwendig, nach der Konsolidierung ist die eigene Organisation auf die nächsten Veränderungswellen vorzubereiten.

B Kenntnis der Interventionstechniken

Führungskräfte haben in Veränderungssituationen, die auf den Widerstand oder die Skepsis der Mitarbeiter treffen, deutlich mehr Interventionsmöglichkeiten, als sie oft vermuten. Eine tiefe Kenntnis und Sicherheit in Interventionstechnik kann helfen, souveräner und durchsetzungsstärker zu agieren. Dabei gilt es, intuitiv die optimale Eskalationsstufe zu wählen, die der

Situation und der Vita mit den Problempersonen am angemessensten ist.

Intervenieren als Führungskraft heißt immer, durch eigenes Eingreifen den Gang der Dinge zu beeinflussen, sozusagen den Fluss der Geschehnisse in eine andere Richtung zu lenken. Energetisch gesehen kann die Führungskraft sowohl positiv als auch kritisch intervenieren. Entscheidend für die Durchsetzungskraft der Intervention ist die intuitive Findung der richtigen *Dosis*.

☑ **TOOL 13: ESKALATIONSSTUFEN BEI CHANGE-INTERVENTIONEN**

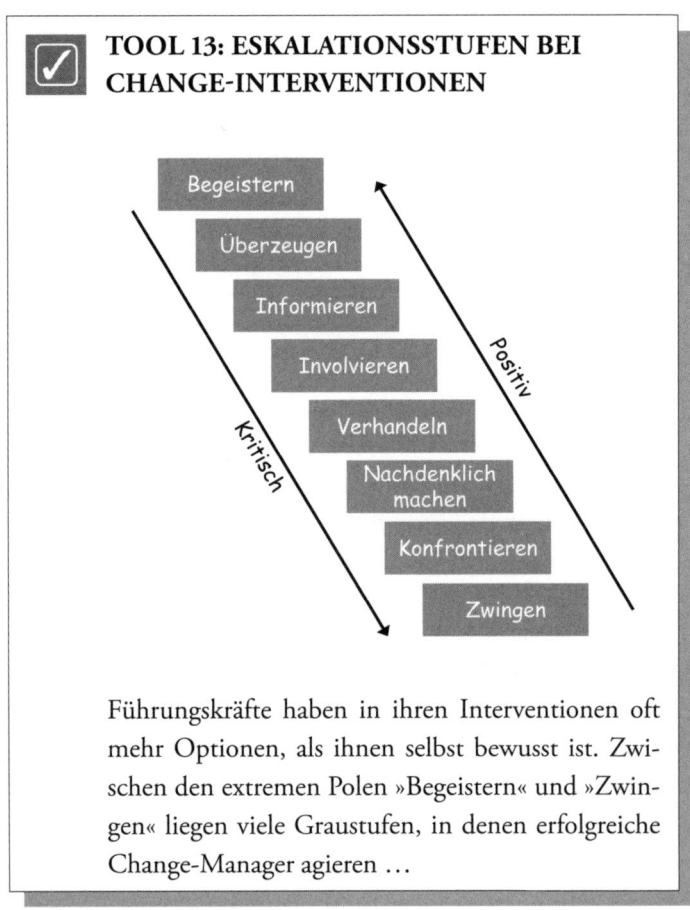

Führungskräfte haben in ihren Interventionen oft mehr Optionen, als ihnen selbst bewusst ist. Zwischen den extremen Polen »Begeistern« und »Zwingen« liegen viele Graustufen, in denen erfolgreiche Change-Manager agieren …

C Kenntnis der systemischen Zusammenhänge

Viele Führungskräfte neigen dazu, die in Change-Prozessen auftauchenden Schwierigkeiten in schnellen, kurzen Problemlösungsketten zu lösen. Sie agieren hier genauso, wie sie ein Problem in der Fertigung lösen würden. Die gute Absicht sei dabei gewürdigt, allerdings werden solche Kurzfristlösungen der Komplexität der Auswirkungen von Veränderungsprozessen nicht gerecht. Denn der »Organismus Unternehmen« wehrt sich auf seine ganz eigene Weise auf den durch die Change-Prozesse ausgelösten Eingriff in die gewachsene Kultur. Wenn hier nur immer kleine »Pflaster« auf die Wunde geklebt werden, ohne dass der dahinterliegende Mechanismus erkannt ist, greifen alle Maßnahmen zu kurz. Das *systemische Denken* akzeptiert dagegen die Komplexität unserer Unternehmen und begreift die Schwierigkeiten und Widerstände in Change-Prozessen als natürlichen und wertvollen Anpassungsprozess. Systemisch orientierte Führungskräfte betrachten Probleme als wertvoll, als wichtigen Fingerzeig der Organisation. Möglicherweise kommen sie auch zu der Erkenntnis, dass es besser ist, die Probleme *nicht zu lösen*, sondern sogar noch zu steigern, wenn sie zu der Meinung kommen, dass die *Probleme für etwas gut sind*. Ein solches Denken will über Jahre gelernt sein, denn es stellt sich mutig der technokratischen Managementlehre entgegen. Und es braucht eine Akzeptanz von Geduld und Nachhaltigkeit, von Querdenken und von Widerstand gegen vordergründige schnelle Lösungen.

TOOL 14: DAS UNTERNEHMEN ALS KOMPLEXES SYSTEM BEGREIFEN

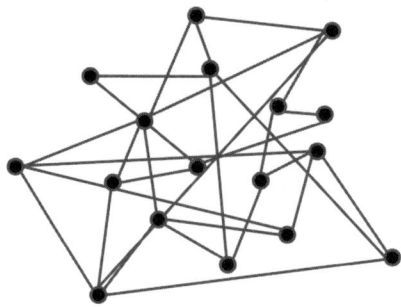

Als Führungskraft agieren Sie in einem Gebilde, das keine Maschine, sondern ein komplexes System mit einer Vielzahl von Vernetzungen und Zusammenhängen ist. Führungskräfte sind umso erfolgreicher, je mehr sie diese Komplexität annehmen und für sich wirksam machen können. Wichtig: Stellen Sie sich öfters die Frage, ob Sie gerade an einer Symptombeseitigung oder an der Wurzel des Problems arbeiten.

1.3.3 Die mittlere Ebene als »Übersetzungsbüro«

Die »Translation-Aufgabe« der mittleren Führung bekommt immer dann eine hohe Bedeutung und Macht, wenn die Unternehmensleitung den Kontakt zu den Mitarbeitern verloren oder aufgegeben hat. Dies kann sowohl in Konzernen mit schnell wechselnden obersten Managern notwendig werden, aber auch im Mittelstand bei Entfremdung des Inhabers von seinem Unternehmen. Die mittlere Ebene wird hier zum Dreh-

und Angelpunkt der Führung, »übersetzt« die Pläne und Intentionen der Leitung in eine für die Mitarbeiter verständliche Sprache und macht sich damit zum unverzichtbaren Mittelpunkt des Unternehmens.

Was bedeutet aber nun der Prozess des »Übersetzens« in der Praxis? Wir sehen darin die Fähigkeit, die Sichtweise, das Wording und die Werte der Mitarbeiter zu erkennen, aufzugreifen und in Deckung mit der »Wahrheit« der oberen Führung zu bekommen. Wenn diese Deckung aber nicht mehr einfach herzustellen ist, entsteht für die Führung in der mittleren Ebene ein enormes Dilemma. Denn früher oder später begreifen diese Führungskräfte, dass eine reine Moderation zwischen den Fronten nicht mehr ausreicht, dass es stattdessen letztlich um die EIGENE Haltung geht. Nicht moderieren, nicht Schiedsrichter sein, nicht mehr nur das »Schlimmste verhindern«, sondern den eigenen Standpunkt klären – das hilft am besten in dieser Situation, ist zugegebenermaßen aber auch am schwierigsten.

Werte übersetzen
Dies kann bedeuten: Verhalten, das aus bestimmten Wertehaltungen resuliert, nachvollziehbar zu machen. Hier kann die Führungskraft viel tun, um das Denkmodell der Geschäftsführung nachvollziehbar zu machen. Sachliche Darstellung der verschiedenen Positionen, Aufzeigen der Finalität bestimmter Verhaltensweisen und Hinführung zu einer eher globalen Sicht der Dinge sind hier geboten, nicht Aufbau von Gräben und Bedienen von Feindbildern.

Sprache übersetzen
Dies bedeutet die Transformation der Managementsprache in ein Format, das von den Mitarbeitern akzeptiert und verstanden wird. Viele Missverständnisse zwischen »oben« und

»unten« entstehen, weil Begriffe mit verschiedenen Bewertungen verbunden werden. Ein typisches Wort wie »Effizienz« bedeutet für den einen vielleicht ein im Sinne von Professionalität und Leistungsorientierung anzustrebendes Ideal. Für einen anderen Menschen steckt hinter dem Begriff »Effizienz« ein menschenverachtender Kapitalismus, der Mitarbeiter ausbeutet. Wenn über solche verschiedenen Bewertungen von wichtigen Begriffen im Unternehmen nicht offen geredet wird, lässt sich kein ehrlicher Dialog zwischen den Ebenen aufbauen.

Ziele übersetzen
Oft sind die Ziele der Chefs für die Mitarbeiter nur schwer verständlich und nachvollziehbar. Die mittleren Führungskräfte müssen hier mit einem guten Gefühl für die richtige Flughöhe vermittelnd eingreifen.

1.3.4 Die mittlere Ebene als Customer Center

… sorgt in ausgeprägt kundenorientiert geprägten Unternehmen für kundenfreundliche Prozesse und eine dienstleistungsorientierte Mitarbeiterkultur. Hier sehen sich die mittleren Führungskräfte als oberste Wächter und Umsetzer von kundenorientierten Prozessen mit einem permanenten Erziehungs- und Verbesserungsanspruch an die Mitarbeiter. Die Kunden werden in diesen Kulturen als zentral sinnstiftender Faktor des Unternehmens gesehen und durch eine Vielzahl von Prozessen engstens mit dem Unternehmen vernetzt.

TOOL 15: ALTE UND NEUE FÜHRUNGSPYRAMIDE

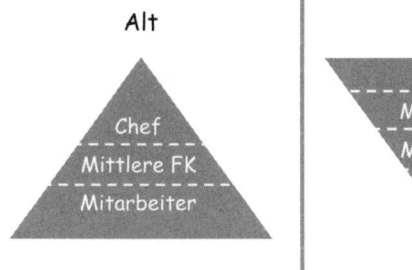

Während die altbewährte Führungspyramide den Top-down-Ansatz ausprägt, stellt die »neue« Pyramide diese Welt auf den Kopf und bringt die Mitarbeiter ganz vorne in Stellung, um den Kunden gegenüber die optimale Dienstleistung zu schaffen. Die Führungskräfte werden in dieser Kultur zu Regisseuren, die ihre Mitarbeiter steuern und befähigen.

1.3.5 Die mittlere Ebene als Innovationsplattform

... übernimmt in innovationsorientierten Unternehmen die Aufgabe, möglichst viele Mitarbeiter zu kleinen »Erfindern« zu machen, indem deren Erfahrungen und Ideen an ihren Arbeitsplätzen gezielt abgefragt werden. Diese sinnvolle Nutzung des Mitarbeiterpotenzials ist allerdings im Alltag ohne Führungsraffinesse nur schwer zu bewerkstelligen. So finden sich mittlere Führungskräfte, die eine Innovationskultur schaffen wollen, oft in der Rolle des internen Veränderers, der wegräumt, was Ideen killt – eine mühsame Aufgabe. Besser als unabgestimmte Einzelaktionen ist die Konzentration auf tragende Systeme und Prozesslandschaften, die einen Kontinuierlichen Verbesserungsprozess (KVP) unterstützen. Es kann sehr wertvoll und befriedigend sein, die Mitarbeiter in solche Kreise einzubinden, ihre vielfältigen Ideen zur Verbesserung des Arbeitsumfelds kennenzulernen und die umsetzbaren Ansätze herauszufiltern und zu realisieren. Allerdings bedeutet für die mittleren Führungskräfte die Aufrechterhaltung einer solchen Innovationskultur eine permanente zusätzliche Anstrengung zum normalen operativen Alltag, denn Ideen und Innovationen bringen Mitarbeiter nur, wenn sie permanent angestoßen werden und insgesamt zufrieden in ihrem Unternehmen sind.

1.4 Rollenerwartungen an die einzelne Führungskraft

1.4.1 Mehrfachrollen

Was soll eine mittlere Führungskraft nicht alles können. Den Laden operativ schaukeln, die Umsetzung der strategischen Pläne vorantreiben, den eigenen »Job« perfekt erfüllen (das ist natürlich NICHT die Führung), schwierige Mitarbeiter einfangen, innovative Ideen entwickeln. Und für die Geschäftsführung jederzeit verfügbar sein für Sonderaufgaben. Dabei ist meist schon die Fachaufgabe der Führungskraft ein 100-Prozent-Job. Wie das alles gehen soll? Gar nicht. Das weiß auch jeder, aber das Spiel ist, dass wir jeden Tag so tun, als ob es schon irgendwie funktionieren würde. Dieses Problem aus Rollenvielfalt und quantitativer wie qualitativer Überforderung findet sich bei einem Großteil der mittleren Führungskräfte, ja es charakterisiert eigentlich sogar die Situation dieser geplagten Spezies.

Wie geht man mit Rollenvielfalt professionell um? Am besten, indem man sich selbst klarmacht, in welcher Rolle man in welcher Situation agiert. Eigene Reflexion ist der Schlüssel zur Klärung der Rollenkonflikte.

Beispielhafte Rollen, die mittlere Führungskräfte (oft gleichzeitig) wahrnehmen:

Beispielhafte Rollenüberlastung einer mittleren Führungskraft	
Operativer Manager	führt seinen Bereich als vollverantwortlicher Chef
Vorgesetzter	führt seine Mitarbeiter disziplinarisch
Fachmann	hat für jedes Mitarbeiterproblem die Lösung
Moderator und Motivator	sorgen für gutes Klima und Konfliktlösung
Projektmanager	sorgt für die Umsetzung von großen Vorhaben
Change Agent	sorgt für die Umsetzung von Veränderungszielen

Kein Wunder, dass man sich als mittlere Führungskraft so oft »zwischen den Fronten« fühlt, denn so viele Rollen hat kein oberster Chef eines Unternehmens. Doch es ist noch schwieriger, denn die Rollen sind nicht klar abgegrenzt, sondern beinhalten noch Zielkonflikte, die die mittleren Führungskräfte schnell in gewaltige Schwierigkeiten führen können …

TOOL 16: ROLLENKLARHEIT DURCH »HÜTE-TECHNIK«

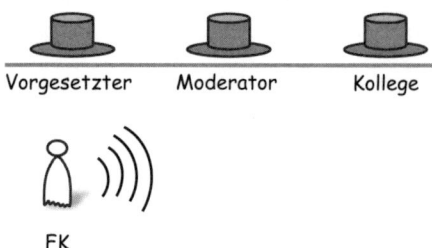

Machen Sie sich klar, welche Rollen Sie gegenüber Ihren Mitarbeitern gleichzeitig wahrnehmen, und trennen Sie diese Rollen deutlich – mit der »Hüte-Technik« schaffen Sie Transparenz und können die verschiedenen, meist differierenden Ziele viel offener ansprechen und ausleben.

Die Hüte-Technik können Sie lernen, indem Sie sich die verschiedenen Zielsysteme klarmachen, die hinter jedem Hut stecken. Idealerweise sprechen Sie dann in Zukunft kurz an, aus welcher Rollenhaltung Sie gerade agieren.

1.4.2 Werte-Dilemmata

Häufig rutschen Führungskräfte in Konfliktstellungen, weil sie mehrere Werte erfüllen sollen, an die sie möglicherweise gar nicht alle glauben. Als Projektmanager müssten mittlere Führungskräfte z. B. aktiv gegen die Interessen des Daily-Business-Managers verstoßen, weil sie ihre Ressourcen in den Dienst des

Projekts stellen. Wenn sie dies tun, kann aber das Tagesgeschäft nicht optimiert werden. Auch mit der Losung PRIORITÄTEN SETZEN ist dem Problem nicht wirklich beizukommen, denn es rutscht immer **ein Wertesystem** in die zweite Reihe.

Beispielhafte Rollen-Dilemmata mittlerer Führungskräfte	
Operativer Manager	Stratege
Vorgesetzter	Mitarbeiter
Fachmann	Ausbilder
Moderator	Provokateur
Projektmanager	Daily-Business-Manager
Change Agent	Bewahrer

Die hinter den Rollen stehenden Wertesysteme sind den Führungskräften oft gar nicht bewusst, rühren aber tief aus der Lebenshistorie und Kindheit. Wenn Führungskräfte ihre eigenen, ihnen oftmals unbewussten Werte verletzen müssen, geraten sie unter gewaltigen emotionalen Stress, der auf Dauer auch krank machen kann. Hier ist es für eine Lösung der Situation unabdingbar, sich die eigenen Werte, Treiber und Glaubenssätze bewusst zu machen.

TOOL 17: WIE WERTE UND GLAUBENS-SÄTZE ENTSTEHEN

Unsere Werte und unser Verhalten entstehen auf Basis unserer (meist unbewussten) Glaubenssätze, die wir in frühester Kindheit entwickelt haben. Wenn wir uns diese Prägungen bewusst machen und akzeptieren, dass unsere »Wirklichkeit« von uns selbst zum großen Teil konstruiert ist, können wir viel bewusster und offener mit unserem Umfeld umgehen.

Beispiel für Wertedifferenzen in verschiedenen Rollenausprägungen	
Werte »Change Agent«	Werte »Bewahrer«
Offenheit	Beständigkeit
Kreativität	Konservative Haltung
Neugier	Gelassenheit
Mut	Kontinuität
Tempo	Langsamkeit

2 Ein Blick in Ihr »Innenleben« als Führungskraft

Nun wird es Zeit, dass wir uns ein wenig detaillierter um das Innenleben der »Blackbox Führungskraft« kümmern. Denn angesichts der im letzten Kapitel angerissenen Anforderungen sollten Führungskräfte ja wahre Superwesen sein. Helden, die physisch fast grenzenlos leistungsfähig sind, psychisch genial motiviert und psychologisch exzellent auf ihre Aufgabe ausgerichtet. Doch leider, oder zum Glück, sind Führungskräfte (meist) ganz normale Menschen mit häufig viel weniger Wissen und Erfahrung in Führungsfragen, als es gut ist. Schauen wir also einmal hinein in die »Blackbox Führungskraft« …

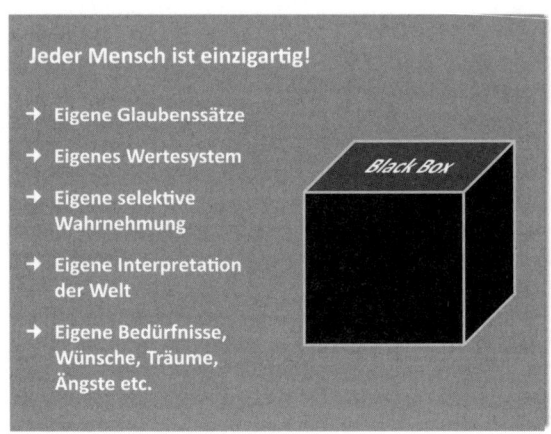

Bild 2.1 *Blackbox Führungskraft*

2.1 Warum sind Sie eigentlich Führungskraft geworden?

Wenn man sich die bisher geschilderten Rahmenbedingungen und Schwierigkeiten vor Augen hält, müsste man meinen, der Job der mittleren Führungskraft dürfte keine große Faszination ausstrahlen. Doch die vielen Hunderttausend amtierenden Akteure und die auch weiterhin scheinbar interessante Karriereperspektive »mittleres Management« sprechen eine deutlich andere Sprache. Warum also setzt sich ein Mensch freiwillig auf diesen Schleudersitz, klemmt sich in das konfliktreiche Sandwich zwischen oben und unten, wagt diese tägliche Achterbahnfahrt zwischen hohen Managementzielen und anspruchsvollem operativem Business?

Wir haben in den letzten Jahren Hunderten Führungskräften diese Frage gestellt und sehr unterschiedliche Motivationen für den Weg zur Führungskraft festgestellt:

Status
Auch wenn es kaum jemand offen zugeben will, so ist es doch ein entscheidender Benefit, durch den Weg ins Management mehr Status zu erhalten. Status kann sich vielfältig zeigen. Ein besseres Büro, ein Firmenwagen, Zugang zu limitierter Information, erhoffter Einfluss auf strategische Entscheidungen, Führungsmacht über andere, Nähe zur Geschäftsführung.

Einkommen
Der Klassiker! Doch die finanzielle Begründung, Führungskraft werden zu wollen, hört man immer seltener. Zum einen sind die Bezahlungsunterschiede nach Steuern auf vielen Positionen nicht *so* gravierend, zum anderen zählt die Work-Life-Balance heute wesentlich mehr. Dennoch lässt sich der finanzielle Aspekt nicht völlig verleugnen. Wer einen wirklichen Gehaltssprung machen will, hat meist keine andere Chance, als in die Führungsebene zu drängen.

Gestaltungsmöglichkeit
Nicht jeder Mensch begnügt sich mit einem vorgegebenen Rahmen und mit zugewiesenen Aufgaben. Wer selbst gestalten möchte, kommt als Mitarbeiter in Unternehmen schnell an seine Grenzen. Deshalb ergibt sich als Lösung automatisch der Aufstieg in eine mittlere Führungsfunktion, in der man erhofft, Einfluss auf den eigenen Arbeitsplatz und die eigene Abteilung ausüben zu können.

Entwicklungsmöglichkeit
Wenn man sich als begabter Mitarbeiter weiterentwickeln will, stößt man irgendwann an eine natürliche Grenze. Will man mehr, lohnt meist nur der Aufstieg zur Führungskraft, auch wenn der fachliche Aspekt dann eher in den Hintergrund rückt. Dieses Dilemma wird in vielen Unternehmen heute so

gelöst, dass zwei verschiedene Karrierewege angeboten werden: Fachkarriere und Führungskarriere.

Freude am Führen
Auch das soll es noch geben – Menschen, die Lust zum Führen haben, die von sich aus Verantwortung für Gruppen und Organisationen übernehmen, denen es Spaß und Sinn macht, Mitarbeiter zu entwickeln und zu einem Ziel zu führen. Solche berufenen Führungskräfte führen in ihrem Leben auf natürliche Weise und überall, die Trennung zwischen beruflicher und privater Welt gibt es für sie im Führen nicht. Man findet diese »Führungskräfte aus Passion« in der privaten Welt in Vereinen, Jugendarbeit, bei freiwilligen Organisationen etc. Und im Unternehmen entwickeln sie sich durch ihre ausgeprägte soziale Kompetenz »von alleine« in Führungsaufgaben. Da sie aber oft zu wenig Machtanspruch mitbringen und manchmal auch Defizite in der Managementkompetenz haben, werden sie nicht selten zu Seiteneinsteigern, denen man zwar das Führen der Menschen, nicht aber das Managen der Abteilung zutraut.

Verhindern anderer Führungskräfte
Zu diesem Motivator für einen Aufstieg würde sich kaum ein Mitarbeiter bekennen, und doch wird hinter vorgehaltener Hand öfters berichtet, dass man sich zur »Flucht nach vorn« gezwungen sah, um den Aufstieg eines Kollegen zu verhindern, »unter« dem der Mitarbeiter auf keinen Fall hätte arbeiten wollen. Diese »Negativ-Motivation« führt oft in die Falle, weil es viel zu wenig inneres echtes Commitment zur Führungsaufgabe gibt, was sich dann im Alltag schnell limitierend zeigt.

Ausgeprägtes Machtstreben
Diese Motivation bringen Karrieremenschen mit sich – einen unabdingbaren Drang, auf das oberste Führungsamt. Das mittlere Management ist für diese Personengruppe nur eine Durchgangsstation, die sie so schnell wie möglich überwinden wollen. Deshalb setzen sie alles ein, was sie haben, um sich für Toppositionen zu empfehlen. Je nach persönlicher Prägung versuchen sie es mit außergewöhnlicher eigener Leistung und Performance ihrer Abteilung, mit konzeptionellen Ideen, mit ungewöhnlichen Veränderungen in ihrem Bereich. Der kleine Teil wirklich aggressiver, rücksichtsloser Karrieristen schreckt auch vor »dirty playing« nicht zurück, setzt Ellbogen ein, betreibt Desinformation, ja sogar Intrigen, um an die Macht zu kommen.

Wenn Machtstreben solcher Art mit hoher Intelligenz und starker Physis verbunden ist, sind diese Menschen kaum aufzuhalten, weil das Moment des Handelns immer auf ihrer Seite liegt und sie mit einem sechsten Sinn Situationen erkennen oder schaffen, die sie im Unternehmen schnell weiterbringen. Die eigenen Mitarbeiter werden für dieses Spiel benutzt, die eigene Abteilung ist nur Sprungbrett, das möglichst schnell überwunden werden muss. Eine nachhaltige Führung und Entwicklung der anvertrauten Mitarbeiter ist hier natürlich nicht zu erwarten.

Druck vom Chef
Die direkte Aufforderung vom Chef, in eine mittlere Führungsposition aufzusteigen ereilt meistens die leistungswilligen, fachkompetenten Mitarbeiter. Sie werden von ihrem Vorgesetzten »entdeckt« und mit mehr oder weniger Druck in Führungsfunktionen gebracht. So bekommen diese Mitarbeiter irgendwann Führungsaufgaben, die sie eigentlich nie gewollt und nur wegen ihrer guten Leistungen auf fachlichem Gebiet erhalten haben.

TOOL 18: CHECKLISTE: WARUM BIN ICH FÜHRUNGSKRAFT?

Es gibt vielfältige Gründe, warum Menschen zur Führungskraft werden. Hier eine kleine Checkliste:

- ☐ Weil ich den Status genieße.
- ☐ Weil ich immer schon geführt habe.
- ☐ Weil ich einfach Karriere machen wollte.
- ☐ Weil ich mein Einkommen optimieren wollte.
- ☐ Weil ich keinen anderen Chef über mir haben wollte.
- ☐ Weil ich einfach fachlich gut war.
- ☐ Weil man mir im Unternehmen keine andere Chance gelassen hat.
- ☐ Weil ich gerne Verantwortung für Menschen übernehme.
- ☐ Weil ich gerne gestalte.
- ☐ Weil ich meine Werte ausleben möchte.
- ☐ Weil ich nur so Einfluss im Unternehmen habe.
- ☐ Weil ich einfach nicht anders kann.
- ☐ Weil ich mir möglichst viele Optionen offenhalten will.
- ☐ Weil ich immer nach vorne gehe.
- ☐ Weil ich es meinem Chef versprochen habe.
- ☐ Weil ich so die besten Zukunftschancen im Unternehmen habe.

2.2 Wie legitimieren Sie sich als Führungskraft?

Führung und Legitimation? Allein schon diese Fragestellung löst bei nicht wenigen Menschen leichte Irritationen aus. Muss sich Führung legitimieren? Ich meine JA, IMMER! Auch wenn es nur die schiere Macht ist oder die vom Vater übernommene Firma, jede Führungskraft hat irgendwo eine Legitimation, zu führen. Die allermeisten mittleren Führungskräfte legitimieren sich immer noch über ihre Fachkompetenz. Das ist auf der einen Seite verständlich, denn über die fachliche Schiene sind die meisten ja Führungskraft geworden. Es ist auf der anderen Seite aber fatal, denn einen fachlichen Vorsprung in einem großen Bereich zu halten, den man als Führungskraft führt, ist so gut wie unmöglich. Junge, gut und aktuell ausgebildete Kräfte drängen permanent in die Unternehmen, die eigenen Mitarbeiter machen Fortbildung, neue Technologien kehren ein und Mitarbeiter (nicht die Führungskräfte) bekommen die Anwenderschulungen … es kann keinen Zweifel geben, dass das Fachwissen als Legitimation für Führung fragwürdig ist und immer weniger greift, je höher die Führungskraft steigt. Eigenartig, dass dieser Aspekt trotzdem so hoch im Kurs steht und in vielen Fällen immer noch die naheliegendste Motivation darstellt, die Führungsaufgabe zu übernehmen bzw. sich überhaupt zuzutrauen, Menschen zu führen.

TOOL 19: LEGITIMATIONSDREIECK DER FÜHRUNGSKRAFT

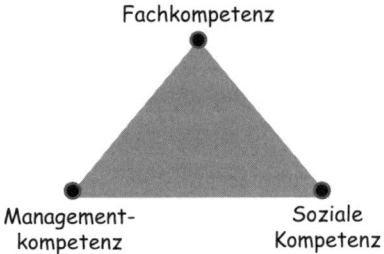

Das Legitimationsdreieck zeigt die enscheidenden Möglichkeiten, sich für eine Führungsaufgabe zu legitimieren. Meist ist die Fachkompetenz die Eintrittskarte, bei einem weiteren Aufstieg werden aber die anderen Kompetenzfelder immer wichtiger.

Im Legitimationsdreieck einer Führungskraft gibt es neben der Fachkompetenz zwei weitere entscheidende Eckpunkte: soziale Kompetenz und Managementkompetenz. Die soziale Kompetenz als Führungslegitimation sagt aus, wie gut es der Führungskraft gelingt, andere Menschen zu spüren, abzuholen und auf die »eigene Reise« mitzunehmen. Diese Fähigkeit ist geradezu der Schlüssel zu guter und erfüllender Führung!

Dagegen kennzeichnet der dritte Faktor, die Managementkompetenz, die Fähigkeit der Führungskraft, auf intellektuellem Sektor Strategien und Umsetzungspläne entwickeln zu können und dabei über die notwendige Analytik und Methodik zu verfügen. Anders als das Feld der Fachkompetenz, das bei höheren Karrieren immer unwichtiger wird, braucht ein

Manager die beiden anderen Felder bis zum höchsten Chefposten. Hier ein kleiner Quervergleich:

Soziale Kompetenz	Managementkompetenz
Empathie	Analytik
Kommunikationsfähigkeit	Strategisches Denken
Konfliktfähigkeit	Methodenkompetenz
Durchsetzungsvermögen	Logisches Denken
Teamfähigkeit	Intellektuelles Verstehen
Begeisterungsfähigkeit	Systemisches Denken
Kontaktfähigkeit	Zielorientierung
Intuition	Problemlösungskompetenz

Letztlich ist Ihre spezifische Legitimation immer eine Summe aus vielen Facetten. Entscheidend ist nicht so sehr die tatsächliche Relevanz als die ehrliche Reflexion der Führungskraft, woher sie ihren Führungsanspruch bezieht und was diese Quellen und Haltungen für ihre Führung bedeuten.

2.3 Welcher »Führungstyp« sind Sie?

Viele Menschen reagieren äußerst skeptisch auf die Bestimmung und Einordnung in Typologiemodellen. Diese Skepsis ist mehr als berechtigt, wenn daraus vorschnell Schlüsse oder gar Beurteilungen abgeleitet werden, ohne andere Faktoren der Analyse mit zu berücksichtigen. Auf der anderen Seite ist es aber unbestreitbar, dass man Menschen nach ihrem Verhalten und ihrer Persönlichkeit in gewissen Kategorien einordnen kann – dies vor allem mit dem Vorteil einer schnellen ersten Positionsbestimmung und Einschätzung.

In unserer Beratungspraxis haben wir ein Typologiemodell entwickelt, das vier zentrale Ausprägungen unterscheidet:

	Im Extremausschlag neigen Sie dazu …
Sachorientierung	… sich an Fakten und konkrete Sachverhalte zu halten, Gefühle und Befindlichkeiten dagegen eher zu meiden.
Personenorientierung	… sich an den Menschen und ihren Gefühlen zu orientieren, Sachverhalte sind für Sie dabei weniger wichtig.
Außenorientierung	… den Kontakt zu anderen Menschen zu suchen und gerne »auf der Bühne« zu stehen.
Innenorientierung	… für sich ganz alleine zu arbeiten und möglichst wenig Interaktion mit anderen Menschen zuzulassen.

Hinter diesen vier Ausprägungen stecken bestimmte Persönlichkeitsmerkmale und Werteorientierungen. In der Kombination der vier Felder ergibt sich eine gut ortbare Position für jeden Mensch, die einen ersten Blick auf seine Vorlieben, Haltung und Stärken zulässt. In den äußersten Ausprägungsfeldern zeigen sich vier verschiedene Führungspersönlichkeiten, an denen sich jeder ein wenig reiben kann (im Sinne: Was passt davon zu MIR?):

TOOL 20: TYPOLOGIEMODELL

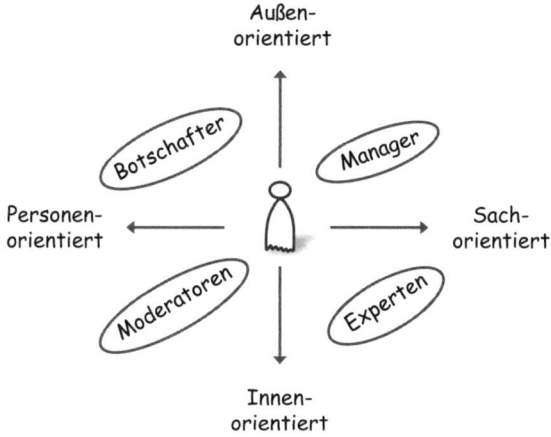

Mit diesem Typologiemodell können Sie sowohl Ihre eigenen Ausprägungen und Neigungen als auch die Kompatibilität Ihrer Teammitglieder feststellen.

Der Botschafter

… kann andere Menschen mit seinen Ideen begeistern und mitreißen. Mit dieser spannenden Kombination von Außenorientierung und Personenorientierung ist er einer der Botschafter seines Unternehmens.

Zentrale Werte des Botschafters: Begeisterung, Emotion, Kreativität, Innovation, Lust, Spontaneität, Unkonventionalität.

Der Manager

… kann mit hohem Fachverstand und hoher kommunikativer Wirkung seine Projekte und Sachthemen darstellen. Er überzeugt mit seiner Professionalität und fachlichen Tiefe und kann seine Themen souverän in der Öffentlichkeit vertreten.

Zentrale Werte des Managers: Effizienz, Intellektualität, Sachverstand, Berechenbarkeit, Analytik.

Der Experte
… kann mit höchster Fachkenntnis komplexe Themen bearbeiten, will dabei eine große eigene Freiheit und möglichst eine störungsfreie Umgebung. Die Präsentation der eigenen Arbeit im Unternehmen oder in der Öffentlichkeit überlässt er gerne seinen Kollegen.

Zentrale Werte des Experten: Präzision, Disziplin, Ruhe, Kontrolle, Systematik, Genauigkeit, Sicherheit.

Der Moderator
… hat eine ganz besondere Antenne für das Klima, für die Menschen im Unternehmen und für latente Konflikte. Er kann emotionale Themen hervorragend schildern, Konfliktsituationen moderieren und ist ein hochgeschätzter Gesprächspartner in seinem Team und für alle Ebenen im Unternehmen.

Zentrale Werte des Moderators: Einfühlungsvermögen, Konfliktfähigkeit, Vertrauen, Offenheit, Harmonie, Ehrlichkeit, Sicherheit.

Wie eingangs erwähnt: Diese »Berufsbilder« sind die äußersten Eckpunkte im Typologiemodell, Ihre eigene Position kann und wird vermutlich eine Mischung verschiedener Faktoren sein. Und: Es geht hier nicht um situative Haltungen, sondern um das, was Sie im Grunde ihres Herzens lieben und meiden. Die Position im Typologiekompass gibt letztlich auch wichtige Hinweise auf Ihre mentale Disposition im Hinblick auf den Umgang mit den Friktionen in der Führungssandwich-Situation.

2.4 Welche geheimen Mechanismen bestimmen Ihr Handeln?

»Gar keine«, werden Sie vielleicht erst einmal reflektorisch sagen, denn vermutlich glauben Sie an Ihre Selbstbestimmtheit, Ihren freien Willen, an die Objektivität Ihrer Einsichten und Entscheidungen.

Doch wie unabhängig leben Sie Ihr Leben wirklich, unabhängig von inneren Antreibern, Bremsern, Ängsten und Zwängen? Nach welchen Werten und Glaubenssätzen haben Sie sich bis heute in Ihrem Leben und Ihren Entscheidungen gerichtet? Sind Sie gut damit gefahren? Wie sind die schwierigen Momente entstanden, in die Sie in Ihrem Leben gekommen sind?

Die heutige psychologische Forschung geht jedenfalls davon aus, dass wir uns durch eine Fülle unbewusster innerer Vorgänge steuern lassen, die ihren Ursprung in unserer frühesten Kindheit haben. Unsere Antreiber und unsere Bremser, unsere Werte und Glaubenssätze, unsere Urängste und unsere Träume … all diese inneren Mechanismen wurden in der frühesten Kindheit angelegt und haben sich im Laufe des Lebens immer weiter entwickelt. Das Kind in uns hatte gute Gründe zur Entwicklung bestimmter Einstellungen zur Umwelt. Diese Gründe waren aber sinnvoll zu der Zeit, in der sie entstanden waren. Ob die Annahmen zum Leben und die daraus resultierenden Haltungen HEUTE noch sinnvoll sind, ist aber eine ganz andere Frage.

Aus den unbewussten Haltungen des kleinen Kindes in uns sind bestimmte Annahmen über die Welt entstanden, die unser Verhalten bis ins Alter maßgeblich bestimmen. Solche Annahmen können z. B. sein:
- Die Welt ist feindlich.
- Das Leben ist harte Arbeit.
- Wer nicht leistet, wird nicht geliebt.

Aus solchen Haltungen heraus entwickelt das Kind, später der Jugendliche, später der Erwachsene seine Strategien. Dabei werden immer mehr Erfahrungen gesammelt, die die eigene Haltung beweisen – nicht etwa weil die Welt so IST, wie wir glauben, sondern weil wir durch einen raffinierten Mechanismus genau DIE Erfahrungen sammeln, die zu unserem Bild der Welt passen.

»Self-fulfilling Prophecy« heißt dieser Mechanismus, und wenn Sie ihn einfach und schnell kennenlernen wollen, schauen Sie mal auf die Börse. Dort passiert nämlich immer genau DAS, was die Börsianer glauben, was passiert. Denn diese eigentlich so ökonomisch und rational handelnden Profis lassen sich in ihrem Handeln leiten von Ängsten, Vermutungen, Gruppendynamik und vielen weiteren völlig emotionalen Aspekten. Und sie handeln dann so, wie sie vermuten, dass sich die nächsten Stunden entwickeln – und lösen damit genau DIESE Entwicklungen aus. Diesen Mechanismus können Sie direkt auf Ihre Lebensführung übertragen.

Wenn Sie z. B. meinen, dass die Welt feindlich ist (weil das Kind in Ihnen vor Jahrzehnten diese Erfahrungen gemacht hat), werden Sie sich in bestimmter Weise schützen und verhalten. Dieses Verhalten wiederum bekommt ihre Umwelt mit und zeigt Ihnen die adäquate Reaktion, aus der SIE dann wiederum überzeugt werden, dass Ihr Glaubenssatz genau der richtige ist.

TOOL 21: DER TEUFELSKREIS DER SELF-FULFILLING PROPHECY

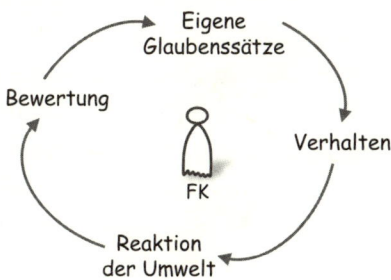

Mit dem Kreislauf der Self-fulfilling Prophecy halten wir unsere Glaubenssätze durch eigene, als stimmig scheinende Erfahrungen am Leben. Denn jeder Mensch neigt dazu, seine Glaubenssysteme bestätigen und nicht erschüttern zu lassen. Der Ausweg aus dem unbewusst ablaufenden Kreislauf führt über eine Bewusstmachung der eigenen Glaubenssätze und der schrittweisen Veränderung und Neubewertung.

Wenn man diesen Ansatz zu Ende denkt, könnte man zu drei ziemlich radikalen Thesen kommen:
1. Wir programmieren unsere Wirklichkeit selbst.
2. Es passiert mit uns, was mit uns passieren muss.
3. Wir sind nicht OPFER, sondern TÄTER unseres Lebens.

Nun kann man einwenden, dass es auch schicksalhafte Einflüsse jenseits unseres Tuns gibt, dass Krankheiten, Unfälle und widrige Einschläge unabhängig von unserem Verhalten auf uns niederkommen. Das ist richtig, erklärt aber nur einen Teil der Sache. Und muss nicht einmal in allen Fällen stimmen, denn vielleicht stehen auch unsere Krankheiten in einer Wechselwirkung zu unseren Gedanken und inneren Haltungen? Wie auch immer, der mentale Teil unserer »Realität« ist riesig groß. Und ich frage noch etwas provokanter: »Realität? Was ist eigentlich Realität?« Eine Führungskraft, die mit ihrem Chef, vielen Mitarbeitern und der eigenen Ehefrau auf Kriegsfuß steht, würde genau diesen Zustand wohl als »ihre Realität« empfinden. Doch der Begriff täuscht uns vor, dass unsere Lage ein objektives Schicksal ist, das von außen auf uns einwirkt. Dem ist nicht so, viel wahrscheinlicher ist, dass wir uns durch unser unbewusstes Verhalten, durch unsere Muster und inneren Zwänge auf einem Kurs befinden, der unsere Umwelt in diese Position bringt. Wenn wir uns dann auf die Lösungssuche begeben … wer muss sich verändern?

Doch neben der vielleicht unbequemen Einsicht, dass jeder von uns viel stärker für sein Schicksal verantwortlich ist, als er sich das bisher eingestehen wollte, enthält die tiefenpsychologische Betrachtung eine ganz fundamental erleichternde und positive Botschaft:

> WIR KÖNNEN AKTIV ETWAS FÜR UNSERE POSITIVE LEBENSFÜHRUNG TUN, indem wir aus der Opferrolle heraustreten und wieder zum Akteur und Gestalter unseres Lebens werden.

Doch dazu im nächsten Kapitel mehr.

2.5 Wie gehen Sie mit Ihren eigenen Emotionen um?

Führungskräfte und Emotionen … das ist wahrlich ein spannendes Feld. Denn wir leben in einer Gesellschaft, die als anzustrebendes Rollenmodell einer Führungskraft meist einen

Menschen zeigt, der cool, pragmatisch, beherrscht und ökonomisch orientiert handelt. Emotionen sind hier grundsätzlich nicht vorgesehen, ja sollen sogar nach Möglichkeit vermieden werden – es geht ja schließlich um »Business«.

Dieses hier bewusst etwas plakativ vorgetragene Klischee kann man bei einer ganz großen Zahl von Führungskräften tatsächlich vorfinden, denn sie sind durch den Filter und die Auslesesysteme dieser Gesellschaft gelaufen und so in die Führungsrollen gekommen. Kein Wunder, dass diese Führungskräfte mit sehr vielen Praxissituationen massive Probleme haben – mit eben allen DEN Situationen, in denen eine Lösung nur über das Einbringen von Emotionen möglich ist. Aus Sicht der Mitarbeiter sind diese Führungskräfte weit entfernt, verschanzen sich hinter Fachthemen und sind nicht in der Lage, sich emotional in die Mitarbeiter und ihre Situation hineinzuversetzen.

Manchmal bleibt nur eine Feier oder der Betriebsausflug, um den eigenen Chef einmal etwas gelöst und menschlich zu erleben. Wenn Sie bei dieser Schilderung keine eigenen Wesensmerkmale erkennen, sind Sie ja vielleicht einer der rühmlichen Ausnahmen. Wenn doch, dann sollten Sie an Ihrer emotionalen Kompetenz arbeiten, um eine noch bessere Führungskraft zu werden.

Unser gesamtes Schul- und Ausbildungssystem unterstützt leider die Abkehr der Emotionalität und Intuition und die völlige Hinwendung zur Rationalität und Intellektualität. Man kann dies auf dem gesamten Weg von der Vorschule bis zum Studium beobachten. Dieser von uns klar als Missstand gesehene Fakt führt dazu, dass am Ende hochgebildete Wissensträger in die Unternehmen kommen, deren soziale Kompetenz nur dann einigermaßen akzeptabel ist, wenn sie JENSEITS des Bildungssystems in ihrer privaten Welt frühe Führungserfahrungen gesammelt haben (z. B. in der Jugendarbeit, Kirchenarbeit, in Vereinen etc.). Ansonsten müssen diese angehenden Führungskräfte mit viel Zuwendung und Aufwand wieder hingeführt werden zu ihren eigenen Emotionen, die sie kaum mehr artikulieren können. Doch wer soll das tun? Die oberste Führung, also die Chefs der mittleren Führungskräfte? Wohl kaum, denn die erwarten eigentlich »fertige« Führungskräfte, die sie nur noch fachlich anweisen und kontrollieren müssen. Was aber eigentlich nötig wäre, wären Chefs, die sich als »Menschenentwickler« verstehen und ihre mittlere Führung selbst vorbildhaft führen.

Also wie umgehen mit dem Thema Emotion? Viele Führungskräfte empfangen uns hier mit der Formel »ich trenne zwischen Privatleben und Beruf«. Damit wollen sie sagen, dass sie privat sehr wohl Emotionen zeigen können, im Beruf aber streng sachorientiert auftreten. Ist das glaubhaft? Macht das Sinn? Wir sagen ganz klar NEIN, denn zum einen ist die emotionale Abspaltung während des gesamten Arbeitstags kraftaufwendig, weil Ihr inneres System unbewusst eine künstliche »Bühne« aufrechterhält, zum anderen verhindern Sie mit diesem Konstrukt, dass Ihnen in der beruflichen Welt der gesamte emotionale Bereich zur Verfügung steht. Das limitiert Sie als Führungskraft in einer Vielzahl von Situationen (Konflikte, persönliche Probleme, Einfühlen in die Mitarbeiter, Auflösen von Widerständen etc.) und verschlechtert damit Ihre Performance als Führungskraft massiv.

Wir lehren in unseren Trainings einen lockeren, natürlichen Umgang mit Emotionen. Gefühle sind nicht der »Feind« der Führungskraft, sondern eine zentrale Kraftquelle, mit der viele Führungssituationen überhaupt nur lösbar sind. Dies bedeutet aber, nicht nur mit den Emotionen anderer umzugehen, sondern auch mit den eigenen.

Aber wo sind sie geblieben, die vielen Emotionen, die Sie als Kind und vielleicht als Jugendlicher noch hatten? Das Leben hat Ihnen vielleicht die eine oder andere Lektion erteilt? Sie haben vielleicht Erfahrungen gemacht, aus denen Sie den Schluss gezogen haben, dass es besser ist, seine Gefühle zu verbergen... Im letzten Kapitel konnten Sie erfahren, wie Sie aus Erfahrungen der Kindheit Lebenskonstrukte entwickelt haben, die Sie bis in die heutige Zeit tragen. Der Umgang mit der eigenen Gefühlswelt ist ein wichtiger Ausdruck Ihrer Haltung, Ihrer inneren Bilder und Konstruktionen. Dies führt zu Fragen wie:

- Wie stark lassen Sie eigene Gefühle zu?
- Wie stark spüren Sie die Emotionen bei anderen Menschen?
- Suchen oder meiden Sie emotionalisierte Situationen?
- Wie tragen Sie Konflikte aus?
- Wie zeigen Sie Freude?

Und nun stellen Sie sich vor, ein Zauberer könnte Ihnen über Nacht wieder das gesamte natürliche, »unschuldige« Gefühlsleben herstellen, das Sie als kleines Kind einmal hatten. Würden Sie den Zauber annehmen, weil Sie meinen, das täte Ihnen und Ihrem Leben gut? Oder wäre der Zauber eine massive Bedrohung für Ihr Leben? Hinter dieser Frage steckt eine sehr hohe Bedeutung für Ihr ganzes Leben. Denken Sie gut nach.

TOOL 22: KURZTEST: IHR EIGENER ZUGANG ZU IHREN EMOTIONEN

Wie gut können Sie eigene Emotionen zeigen – Selbsttest zur eigenen Reflexion:

- ☐ Emotionen zeige ich schon seit meiner Kindheit nicht mehr.
- ☐ Eine Führungskraft sollte vor allem pragmatisch und sachorientiert agieren.
- ☐ Wenn ich emotional werde, fühle ich mich unwohl.
- ☐ Emotionen zeigen nur Anfänger im Führungsjob.
- ☐ Wer Gefühle zeigt, macht sich angreifbar.
- ☐ Emotion ist der Schlüssel zum Erfolg.
- ☐ Wer keine Gefühle zeigt, kann seine Mitarbeiter nicht erreichen.
- ☐ Ohne Gefühle führt es sich wesentlich leichter.
- ☐ Mitarbeiter wollen keine Emotionen, sondern Geld.
- ☐ Wer im Führungsjob Gefühle zeigt, hat schon verloren.
- ☐ Bei Emotionen trenne ich total zwischen Beruf und Privatleben.
- ☐ Wenn man die Kontrolle verliert, macht man sich angreifbar.
- ☐ Ich möchte gerne Emotionen zeigen, habe den eigenen Zugang dazu aber verloren.
- ☐ Unsere Welt ist kalt geworden, Emotionen haben keine Bedeutung mehr.

2.6 Wie gehen Sie mit Loyalitätskonflikten um?

Wem gegenüber ist die mittlere Führungskraft eigentlich loyal? Vielleicht empfinden Sie diese Frage als eigenartig, vielleicht erkennen Sie darin aber auch ein klassisches Konfliktfeld im mittleren Management. Loyalität der Führungskraft – ein wichtiger Wert, den Sie als Anforderungen sofort unterschreiben würden. Doch in der Praxis erleben mittlere Führungskräfte oft kräftezehrende und scheinbar unauflösbare Zielkonflikte mit ihrer Loyalität.

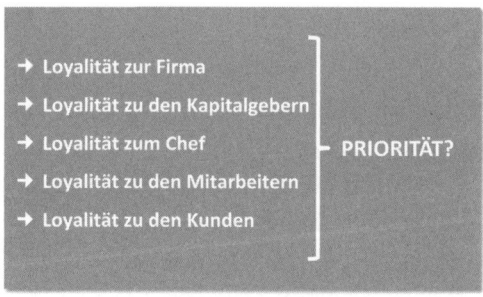

Bild 2.2 *Loyalitäts-Dilemma: Was hat die höchste Priorität?*

Aus den hier aufgezeigten Loyalitätsfeldern wird für Sie als mittlere Führungskraft dann ein Albtraum, wenn die Intentionen der verschiedenen Interessengruppen deutlich auseinandergehen und länger ungelöst bleiben – und das ist sehr oft der Fall, wie an den nachfolgenden vier Dilemmata aufgezeigt werden soll:

Loyalität zur Firma vs. Loyalität zum Chef
Sie lesen richtig und wundern sich vielleicht. Eigentlich könnte man meinen, dass es diesen Widerspruch gar nicht geben darf, denn wir setzen das Handeln des (oder der) Chefs idealerweise

in Einklang mit einem Handeln im Firmeninteresse. In der Praxis gibt es aber viele Situationen, in denen mittlere Führungskräfte zur Erkenntnis kommen, dass die oberste Führung NICHT im Firmeninteresse handelt. Wenn z. B. Reorganisationen vorgenommen werden, die aus Sicht der mittleren Führung das Unternehmen in Probleme bringen, wenn die oberste Führung zu wenig Zeit im Hause ist und ihre Energie auf anderen Feldern einbringt, wenn von »oben« eine Geschäftspolitik betrieben wird, die aus Sicht der Mitte schädlich für das Unternehmen ist ... dann geraten Führungskräfte schnell in diese Loyalitätsfalle.

Loyalität zum Chef vs. Loyalität zu den Mitarbeitern
Der Klassiker für die mittlere Ebene! Wenn die oberste Führung weit entfernt von den Mitarbeitern agiert, wenn Maßnahmen erlassen werden, die die mittlere Ebene nicht mittragen kann, wenn »oben« die Stimmen, Sorgen und Belange der Mitarbeiter nicht gehört werden, kommt die mittlere Ebene fast automatisch in die Vermittlerrolle. Ein Teil dieser Rolle gehört zum »Jobprofil mittlere Ebene«, wenn die Firmenleitung aber insgesamt den Kontakt zu den eigenen Mitarbeitern verliert, wenn Werte, Menschenbild und Verhalten der Chefs die »Ressource Mitarbeiter« gefährden, kommen die mittleren Führungskräfte in große Schwierigkeiten.

Loyalität zum Kunden vs. Loyalität zum Chef
Führungskräfte mit engem Kundenkontakt bekommen Konflikte mit der Unternehmensleitung, wenn dort eine kundenfeindliche Politik betrieben wird, die sie in ein Vermittlungsdilemma treibt. Auch hier gilt die Regel: Je weiter die Geschäftsführung vom GESCHÄFT entfernt ist, umso schwieriger der Spagat der mittleren Führungskräfte, die in beide Richtungen vermitteln müssen.

Loyalität zu Mitarbeitern vs. Loyalität zum Kunden
Auch diese Loyalitätsfalle ist denkbar. Sie entsteht, wenn mittlere Führungskräfte zwischen den Werten »Mitarbeiterorientierung« und »Kundenorientierung« zerrieben werden, weil sie ständig um die Beachtung der Kundenwünsche bei den eigenen Mitarbeitern kämpfen müssen.

Wenn solche typischen Loyalitätsmuster auftauchen, muss die mittlere Führungskraft enorm aufpassen, dass nicht Konflikte auf sie verlagert und projiziert werden, die eigentlich an anderer Stelle auszutragen wären. Diese klassische Konfliktverschiebung ist eine der größten Burn-out-Fallen für die mittlere Ebene, denn es geht hier nicht um einzelne, belastende Situationen, sondern um zermürbende Dauerkonflikte, die nur durch eine ganz spezielle mentale Einstellung gelöst werden können – idealerweise von den Menschen, die im jeweiligen Konfliktfeld eigentlich adressiert sind. Da dies aber oft genau dort nicht geschieht, muss es die mittlere Führungskraft zum eigenen Schutz selbst vollbringen.

Loyalität zu Leistungsträgern vs. leistungsschwachen Mitarbeitern
Auch dieses Konfliktfeld kennen mittlere Führungskräfte. Die Leistungsträger sind naturgemäß für jede Führungskraft im Zentrum ihrer Aufmerksamkeit und ihrer Wertschätzung. Es kommt aber auch hier darauf an, die richtige Balance zu wahren und auch den »Durchschnitts-Leistern« einen Platz im eigenen Ranking zu lassen.

2.7 Wie gehen Sie mit Ihrer Work-Life-Balance um?

Das eigene Leben im Griff haben, die richtige Balance zwischen Anspannung und Entspannung, zwischen Beruf und Privatleben, zwischen Körper und Geist zu finden … das ist ein großes Ziel, das uns in manchen Lebensphasen leicht aus der Kontrolle geraten kann. Dahinter steht eigentlich die Frage: Was ist wirklicher Erfolg für mich? Rein analytisch haben Sie dieses Thema vermutlich schon tausendfach durchdrungen, haben sich irgendwo eingeordnet zwischen »alles perfekt« und »völlig inakzeptabel«.

Wenn Sie mit Ihrer kleinen Selbstanalyse positiv im Reinen sind und auch von Ihrer Umwelt positive Rückmeldungen bekommen, wenn Sie sich vorstellen können, Ihr Arbeitspensum und Arbeitstempo noch Jahre so beibehalten zu können wie jetzt … dann können Sie dieses Kapitel getrost überspringen. Wenn aber Anlass zur Sorge besteht, sollten Sie vielleicht etwas tiefer mit mir einsteigen in die Frage: Was ist eigentlich los mit meinem Leben? Dass sich die Frage nach Lebensbalance und Lebensqualität als mittlere Führungskraft ganz besonders stellt, dürfte aus dem bisherigen Verlauf dieses Buches bereits deutlich genug hervorgegangen sein.

Für die Betrachtung Ihrer Work-Life-Balance-Situation empfehle ich folgende mentalen Grundsätze:

- Mein Leben ist genau so, wie ich es täglich einrichte.
- Ich bin nicht Opfer, sondern Täter meines Lebens.
- Wenn meine Work-Life-Balance nicht positiv ist, passe ich nicht genügend auf mich auf.
- Mein Körper und meine Seele geben mir permanent Signale, die ich hören oder überhören kann.
- Wenn meine Work-Life-Balance ständig im kritischen Bereich liegt, laufen in meinem Leben unbewusste Muster ab, die ich erkennen und ändern kann.

Möglicherweise erscheinen Ihnen diese Sätze als zynisch und »wirklichkeitsfremd«. Sie möchten argumentieren, dass es unbestreitbare Zwänge von außen gibt, die Sie in einer Situation gefangen halten, die sie doch seit Jahren verändern möchten. Als Führungskraft im mittleren Management sind Sie einer Fülle von Zwängen ausgesetzt, die wir in den vorangegangenen Kapiteln zu analysieren versuchten. Damit sind Sie objektiv betrachtet in einer schwierigen, vielleicht auch gefährlichen Situation. Zu den Zwängen Ihres speziellen Berufsbilds als »Führungskraft zwischen den Fronten« kommen die Herausforderungen des digitalen Lebens, die auf uns allen liegen. Massive Beschleunigung unseres Lebens, Erwartung ständiger Erreichbarkeit, Rückgang menschlicher Kommunikation auf Augenhöhe.

Und schon sind wir beim Grundanliegen dieses Buchs – gehen Sie endlich in die Initiative für Ihr Leben. Entrinnen Sie einem Burn-out, der Ihren Körper und Ihre Seele in große Gefahr bringt!

Doch das sagt sich natürlich leichter, als es umgesetzt werden kann. Denn rein verstandesgemäß leuchtet jedem vernünftigen Mensch ein, dass man sein Leben und seine Gesundheit nicht leichtfertig gefährden darf – auch nicht einer spannenden Aufgabe oder der Loyalität zu einem Chef zuliebe. Wie lässt sich denn dann verstehen, dass Führungskräfte selbst nach einem massiven gesundheitlichen Einschlag mit ihrer Selbstausbeutung weitermachen? Wie lässt sich nachvollziehen, warum Grenzen des eigenen Wohlergehens und dem der Familie immer wieder überschritten werden? Es müssen sehr mächtige geheime Mechanismen am Werk sein, die Menschen in solche Situationen bringen. In persönlichen Coachings können Sie diese Mechanismen kennenlernen und Wege herausfinden, wie Sie sich selbst befreien können.

Wie weit sind Sie selbst schon vom Burn-out entfernt? Unsere kleine Checklist gibt einen ersten Anhaltspunkt …

TOOL 23: CHECKLISTE: BIN ICH SCHON AUF DEM WEG IN DAS BURN-OUT?

Wie weit sind Sie von einem Burn-out entfernt? Machen Sie den kleinen Einstufungstest ... Wenn Sie zehnmal mit »Ja« geantwortet haben, sollten Sie sich begleiten lassen:

- ☐ Ich habe höchste persönliche Ziele und einen ausgeprägten Ehrgeiz.
- ☐ Ich bringe überdurchschnittlichen Einsatz unter Nichtbeachtung eigener Bedürfnisse.
- ☐ Ich bekomme zunehmend kritisches Feedback von meinem privaten Umfeld.
- ☐ Ich brauche »Mittel«, um durch den Tag zu kommen (Alkohol, Kaffee ...).
- ☐ Ich habe schon lange nicht mehr das Gefühl, mein Leben wirklich selbst zu steuern.
- ☐ In meinem Leben gibt es immer weniger Momente von Leichtigkeit und Lebenslust.
- ☐ Ich verliere langsam die Fähigkeit, die kleinen Dinge zu sehen.
- ☐ Ich vermeide zunehmend Stille und Raum zum Nachdenken.
- ☐ Ich bekomme nachts Beklemmungen/Angst, wenn ich an den nächsten Tag denke.
- ☐ Ich habe es schon lange aufgegeben, etwas für meinen Körper und meine Seele zu tun.

- ☐ Ich entwickle zunehmend zwanghafte Verhaltensweisen (Internetsucht, permanenter Drang, auf die eingehenden Mails zu schauen, etc.).
- ☐ Ich habe immer öfter Angst vor dem totalen Zusammenbruch.
- ☐ Meine private Beziehung ist durch mein Arbeitspensum in Gefahr.
- ☐ Ich kümmere mich kaum mehr um meine Kinder, habe großen Abstand zu ihrer Welt.
- ☐ Ich mache meistens mehrere Dinge gleichzeitig.
- ☐ In der Firma bin ich oft der Letzte, der abends das Licht ausschaltet.
- ☐ Daheim fällt es mit zunehmend schwer, abzuschalten.
- ☐ Ich kann einfach nicht »Nein« sagen.
- ☐ Neben der Arbeit habe ich kaum mehr andere Interessen.
- ☐ Mein körperlicher Zustand macht mir Sorge.
- ☐ Ich kann mich auf meine Leistungsfähigkeit nicht mehr verlassen.
- ☐ Manchmal fühle ich mich wie in einem dunklen Tunnel.
- ☐ Im Urlaub geht es mir meist schlechter wie während der Arbeit.
- ☐ Pläne für die Zukunft mache ich mir keine mehr.

3 Irgendwie wird's schon weitergehen …: Die »klassischen« Bewältigungsstrategien von mittleren Führungskräften

Dieses Buch hat bis zu diesem Punkt zu vermitteln versucht, wie komplex die Situation von Führungskräften im mittleren Management ist und wie hoch die Anforderungen an innere Klarheit und mentale Stärke in dieser Position sind. Jeder Mensch hat Muster und Strategien, wie er mit belastenden oder gar unlösbaren Situationen umgeht. Überlastsituationen und im Extremfall Burn-out-Erkrankungen entstehen dann, wenn die Bewältigungsstrategien für die Situation nicht mehr ausreichend oder angemessen sind. Das Problem dabei ist, dass uns unsere eigenen Bewältigungsstrategien meist völlig unbewusst sind und wir damit erst einmal auch keinen Einfluss darauf haben. Und wann beschäftigt sich eine Führungskraft bitte mit ihren eigenen Mustern und Strategien? Die Antwort lautet: Nur in allerhöchster Not.

TOOL 24: WIE BEWÄLTIGUNGS-STRATEGIEN FUNKTIONIEREN

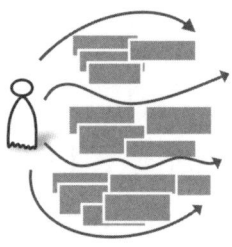

Bewältigungsstrategien sind ein natürlicher Schutz unseres Unterbewusstseins, mit dem Überforderungen und Überlastungen gemildert werden. Dabei steht Menschen eine große Bandbreite an Strategien zur Verfügung. Vom Wegschauen über das Leugnen bis zum raffinierten Umdeuten von Problemen reicht die Bandbreite der Möglichkeiten. Immer geht es dabei um die Deutungshoheit der uns beeinflussenden Einflüsse.

Die grundlegenden Bewältigungsstrategien lernen wir bereits in unserer frühen Kindheit. Wenn das Kind in uns bestimmte Bedürfnisse hatte, die es automatisch nicht erfüllt bekam, wenn es Bedrohungen oder Anforderungen ausgesetzt war, die es auf normalem Wege nicht mehr bewältigen konnte, dann hat das Kind mit den ihm möglichen Mitteln versucht, auf möglichst effiziente Weise damit klarzukommen.

Als Kind können solche grundlegenden Bewältigungsstrategien z. B. sein:
- Ich fliehe.
- Ich suche Verbündete.

- Ich werde krank.
- Ich tue so, als ob ich nichts verstehe.
- Ich baue eine Mauer um mich auf.
- Ich verberge meine Gefühle.
- Ich werde aggressiv gegen andere.
- Ich werde aggressiv gegen mich.
- Ich benehme mich wie ein Baby.
- Ich spiele einen gegen den anderen aus.
- Ich lenke vom Konflikt ab.
- Ich werde albern.

Als Erwachsene entwickeln wir aus unserem kindlichen Repertoire und aus unseren Lernerfahrungen intellektuell komplexere Bewältigungsstrategien, die sich aber unbewusst in denselben Bahnen bewegen wie zu Kindheitszeiten. Führungskräfte, die sich in Konflikten, Dilemmata und grenzwertigen Situationen wiederfinden, verwenden in dieser Stresslage ihre alten Muster, weil DIESES Repertoire eben im Notfall zur Verfügung steht.

1. Bewältigungsstrategie »Einfach nur jeden Tag schaffen«

Der Klassiker unter den Durchhaltestrategien für Führungskräfte. Die vielfältigen Zwangsmechanismen und scheinbar unlösbaren Dilemmata werden verdrängt, und der Fokus richtet sich ganz auf den Mikrokosmos des täglichen »Überlebens«. Dieser Trick funktioniert gut, bei vielen sogar jahre- oder jahrzehntelang, doch der Preis dafür ist jede Verabschiedung von eigener Steuerungsfähigkeit, von strategischem Vorgehen, von visionärem Spirit. Führungskräfte mit dieser Strategie verklären oft die Bewältigung des Alltags zum eigentlichen Ziel der Führung und geben sich gern als sturmerprobte Praktiker. Doch oft ist das alles Maske, und dahinter sitzen eine Fülle von Zweifeln, Frustration und Resignation.

2. Bewältigungsstrategie »Nach mir die Sintflut«

Diese Führungskräfte sind durch Vorgänge und Erlebnisse in ihrem Unternehmen zynisch und fatalistisch geworden. Sie optimieren ihren eigenen kleinen Bereich und glauben nicht mehr an das »große Ganze«. Mit einem radikalen Egoismus setzen sie eigene Vorstellung durch – auch wenn ihr Handeln zum Schaden des Unternehmens ist. Die Erlaubnis für dieses eigentlich inakzeptable Handeln nehmen diese Führungskräfte aus ihrer Vergangenheit. Hier werden »Schuldkonten« abgearbeitet, hier wird ein unterschwelliger Krieg ausgeführt. Unter Kollegen sind diese Führungskräfte nicht sonderlich beliebt, denn ihre Teamfähigkeit hält sich in engen Grenzen. Dagegen schätzen die Mitarbeiter solche Führungskräfte oft sehr, weil sie den eigenen Bereich abschotten und den Mitarbeitern ein Gefühl von verschworener Gemeinschaft geben.

3. Bewältigungsstrategie »Ich mache einfach mein Ding«

Irgendwann können Führungskräfte den Glauben an die Unternehmensleitung verlieren, wenn diese die nötigen Strategien nicht liefert, auf Tauchstation geht oder Beschlüsse fasst, die aus Sicht der mittleren Ebene realitätsfremd sind. Wenn man selbst dann noch zu den Offensiv-Playern unter den Führungskräften gehört, liegt diese Strategie nahe. Menschen aus diesem Lager glauben an die Unwiderstehlichkeit der Aktion und reißen im richtigen Moment die Initiative an sich. Wenn die Unternehmenskultur diese Art von Eigeninitiative als positives Führungsmerkmal sieht, können solche Führungskräfte sehr schnell große Erfolge erzielen – immer natürlich mit einer leichten Skepsis der Firmenleitung, die genau spürt, dass Leistung vorhanden ist, nicht aber Loyalität. Wenn Eigeninitiative und raumgreifende Verantwortungsübernahme dagegen verpönt sind, kann sich schnell eine Konfliktstellung mit den gleichrangigen Kollegen und auch mit der Geschäftsleitung ergeben.

4. Bewältigungsstrategie »Irgendwann werde ich gehen«
Das ist die Lieblingsstrategie der »innerlich Gekündigten«, der Führungskräfte, die eigentlich gehen möchten und dennoch bleiben. Diese Menschen wissen genau, dass schon lange eine Entscheidung gefällt werden müsste, fühlen sich aus verschiedensten Gründen dafür aber nicht in der Lage. Dieser Zustand ist nur mit Fatalismus oder Zynismus zu ertragen, denn es liegt eine deutliche Selbstanklage in der Luft, die nicht gelöst wird. Oft wird dann auch die Unfähigkeit zu einer souveränen, mutigen Entscheidung auf das derzeitige Unternehmen projiziert. Im Extremfall sind es genau die Menschen in der Organisation, die aufgrund von vielen Negativerfahrungen aus der Vergangenheit eine große Rechnung mit dem Unternehmen offen haben und sich auf manchmal perfide Weise an der Firma rächen. Alles läuft hier verdeckt ab, kein Konfliktfeld wird wirklich offen bearbeitet.

5. Bewältigungsstrategie »Den ›Preis‹ optimieren«
Menschen mit dem Glaubenssatz »Jede Entscheidung im Leben hat ihren Preis« neigen dazu, Preisoptimierer ihres Lebens zu werden. Alles wird nach Preisschildern geordnet und fein säuberlich optimiert. In der Beziehung bleiben, die einen nicht mehr nährt ... In einem Unternehmen bleiben, das einem nicht mehr guttut ... Was ist der Preis? Welche Qual ist größer? Gehen oder bleiben? Diese eigentlich analytisch sinnvoll erscheinende Methode hat allerdings ein großes Problem: Wie bestimmt sich der jeweilige Preis auf dem Preisschild? Hier läuft man Gefahr, sich von seinen unterschwelligen Ängsten oder Wünschen leiten zu lassen und damit dann eigentlich mögliche und sinnvolle Wege von vornherein auszuklammern. Und: Auch das »Nicht-Entscheiden« hat einen Preis!

6. Bewältigungsstrategie »Die da oben werden es schon noch lernen«

In einer endlosen Hoffnungsschleife bleiben diese Führungskräfte in Wartestellung auf Lerneffekte an der Unternehmensspitze und werden nicht selten enttäuscht. Trotz allem ändert sich dann aber an der Wartehaltung nichts, weil bei vielen Führungskräften dieses Schlags einfach die Bereitschaft und der Mut fehlen, die Dinge selbst in die Hand zu nehmen. Und da aus der resignativen Grundhaltung keine Impulse mehr kommen, die Chefs durch ehrliche und offene Feedbacks mit der eigenen Unzufriedenheit zu konfrontieren, kann sich im gesamten System auch nichts verändern.

7. Bewältigungsstrategie »Ich hole mir meine Erfolgserlebnisse im Privatleben«

Dies ist ein sehr verbreitetes Handlungsmuster unter frustrierten Führungskräften. Um die schwierigen Rahmenbedingungen in der Firma auszuhalten, wird eine künstliche Trennung zur privaten Welt vorgenommen. Damit ziehen diese Menschen ihre Energie und ihren Spirit aus der geschäftlichen Welt ab und kompensieren das durch verstärkte Aktivitäten im Privatleben. Was man da alles an Führungsleistung sehen kann, wenn man genau hinschaut: Menschen, die sich in Vereinen engagieren, die Jugendarbeit machen, die politisch aktiv sind, die in gemeinnützigen Organisationen powervoll wirken. Alles natürlich sehr anerkennenswert, nur die Missstände in den Unternehmen werden dadurch nicht abgestellt und den Firmen geht wertvollstes Führungspotenzial verloren.

Allen diesen Strategien, mit problematischen Rahmenbedingungen für eine erfolgreiche Führung umzugehen, haftet ein gewisses Defizit an. Es sind Strategien, mit denen der Missstand irgendwie auszuhalten ist, mit denen man sich irgendwie in Sicherheit bringt und die Zeit überlebt. Aber ist das Leben nicht zu wertvoll, um es in einem manchmal jahrelangen »Transitzustand« zu verbringen? Wäre es nicht vielleicht besser, die Dinge beherzt und aktiv in die eigene Hand zu nehmen und HALTUNG zu zeigen als Führungskraft? Aber wie?

TOOL 25: BEWÄLTIGUNGSTYPOLOGIE NACH ENERGIENIVEAUS

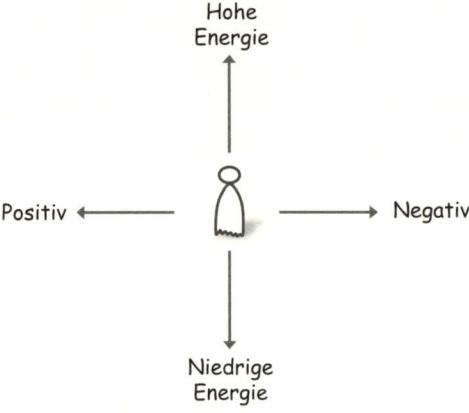

Mit dieser Matrix lassen sich energetische Bewältigungstypologien unterscheiden. Jeder Mensch neigt zu bestimmten Verhaltensweisen und wendet für ihn typische Strategien an. Dabei lassen sich Unterschiede feststellen im Energieniveau und in der Art der Haltung zum Leben. Diesen Umgang mit schwierigen Situationen erlenen wir in unserer Kindheit und in unserer Ursprungsfamilie. Menschen mit hohem Energieniveau agieren proaktiv und kraftvoll, Menschen mit niedrigem Energieniveau handeln zurückhaltend und zögernd ... Wenn man dann noch die Grundhaltung zum Leben mit beachtet, entsteht die individuelle Duftmarke jedes Einzelnen.

4 »Love it, change it or leave it«

Die »Zauberformel« für die eigene Befreiung:

- *Wenn Sie sich in einer inakzeptablen Berufs- oder Lebenssituation befinden ...*
- *Wenn Sie sich als Opfer Ihres Umfelds fühlen ...*
- *Wenn Sie Verdrängungsstrategien brauchen, um Ihr Leben zu ertragen ...*
- *Wenn Sie für sich selbst keine klare Zukunftsperspektive sehen ...*
- *Wenn Sie den Glauben an eine Veränderung in Ihrem Leben aufgegeben haben ...*
- *Wenn Ihre innere Stimme schon lange zum Aufbruch ruft ...*
- *Wenn Ihr Körper immer stärkere Stresssignale sendet ...*

... dann wird es Zeit.

→ Zeit, das Leben in die eigene Hand zu nehmen.
→ Zeit, als Führungskraft SICH SELBST zu führen.
→ Zeit, wieder an die eigene Kraft und Stärke zu glauben.
→ Zeit, aus der Opferrolle auszusteigen und Gestalter des eigenen Lebens zu werden.
→ Zeit, sich mit der »Love it, change it or leave it«-Formel wirklich auseinanderzusetzen ...

4.1 Die Formel richtig anwenden und einsetzen

Natürlich haben Sie von der »Love it, change it or leave it«-Formel schon einmal gehört, für viele Menschen ist sie Teil des Sprachgebrauchs im Umgang mit schwierigen Situationen, und vielleicht haben Sie selbst anderen Freunden oder Kollegen diese ja nicht wirklich neue Weisheit als Lösungsansatz vorgeschlagen. Doch so geläufig die Formel ist, so selten wird sie wirklich in ihrer schlichten Absolutheit angewendet. Wenn wir diesen Mut haben, die Formel in ihrer ganzen Radikalität auf unser Leben anzuwenden, entsteht eine ungeheure Kraft, eine außergewöhnliche Fokussierung, die oft eine schlagartige Veränderung unseres Mindsets bewirken kann.

Der Schlüssel zur echten Umsetzung der »Love it, change it or leave it«-Formel ist nichts anderes als die stringente Anwendung ohne jeden verwässernden Kompromiss:

- Die Entscheidung zwischen den drei Optionen MUSS bewusst gefällt werden.
- Jede der drei strategischen Varianten muss vorher konkret überprüft und durchgespielt werden, Denkverbote gibt es nicht.
- Ein Zwischenweg ist nicht zulässig.
- Das Verfolgen mehrerer Optionen gleichzeitig ist nicht zulässig.

In dieser Konsequenz angewendet bekommt die »Love it, change it or leave it«-Formel plötzlich eine enorme Radikalität, die Umsetzung erscheint jetzt unbequem, vielleicht sogar unmöglich. Und genau an diesen Punkt müssen Sie kommen, sonst wirkt die Formel nicht und bleibt ein Bonmot, über das man im Plauderton witzeln kann, weil sowieso niemand ernsthaft daran denkt, das Programm in die Tat umzusetzen.

→ **Love it**, indem ich in freier Wahl bewusst entscheide, meine Situation anzunehmen als das, was im Augenblick möglich und sinnvoll ist, indem ich die guten Seiten und Momente der Situation und meines Lebens erkenne und genieße, indem ich Schluss mache mit belastenden Zweifeln und Gedanken. Ich habe so entschieden und bin nicht Opfer, sondern Gestalter meines Lebens, indem ich JA sage zum Status quo. Was für eine Befreiung ...

→ **Change it**, indem ich meinen ganzen Mut aufbringe, um die Rahmenbedingungen oder Situationen zu ändern, die mich behindern und belasten. Ich höre auf, zu jammern oder zu lamentieren, und gehe mutig und beherzt den Weg der Veränderung. Es wird Widerstände zu meinem Weg geben – dessen bin ich mir bewusst. Es wird hart und fordernd werden. Möglich. Ich werde vielleicht nicht alle eigenen Ziele erreichen. Aber mein kraftvolles Eintreten für die notwendigen Veränderungen wird ein entscheidendes Signal sein, das auch andere Menschen ermutigt, ihrerseits aktiver zu werden. So wird vieles möglich ...

→ **Leave it**, indem ich erkenne, dass ich weder zu »love it« noch zu »change it« die Möglichkeit oder die Kraft habe und mich und meine Ideale so wichtig nehme, dass ich das Umfeld, das mich so limitiert, verlasse. Ich gehe erhobenen Hauptes, nicht als Verlierer, sondern als Umsetzer meiner eigenen Beschlüsse. Mögliche Nachteile dieses Wegs habe ich bei meinem Beschluss bewusst in Kauf genommen, es gibt also nichts zu bedauern oder zu beklagen. Indem ich mich bewusst abwende, kann ich mich anderem wieder bewusst zuwenden ...

4.2 Was steckt hinter der »Love it, change it or leave it«-Formel?

Hinter der LCL-Formel steckt eine Menge Psychologie. Letztlich geht es darum, sich selbst aus der Opferhaltung zu befreien und in eine proaktive Situation zu bringen (Bild 4.1). Hand aufs Herz, neigen wir nicht allzu leicht dazu, uns in einer schwierigen, unangenehmen Situation als Opfer zu fühlen? Es ist immer einfach, zu klagen ... über unsere Beziehung, unsere Kindheit, unsere Berufswahl, unser Zuhause, unsere unerzogenen Kinder, die Gesellschaft, die Politik, den Chef, die Kollegen. Doch was nützt uns eine solche Einstellung? Eigentlich nur, dass WIR uns NICHT verändern müssen.

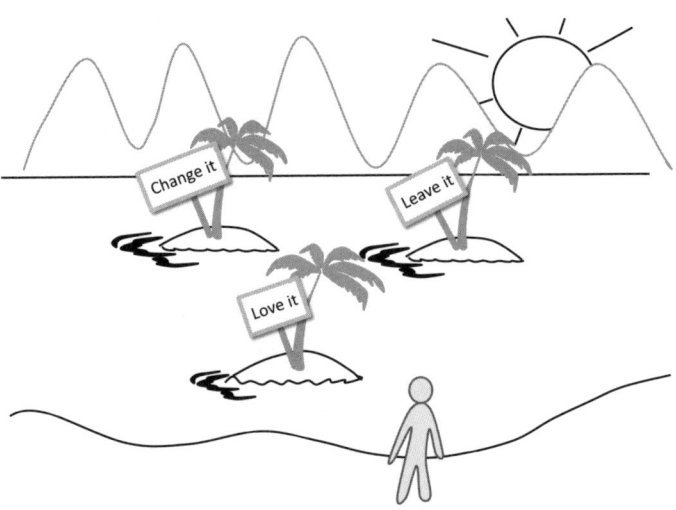

Bild 4.1 *Drei echte Alternativen*

Dieser Nutzen ist hoch, denn er ermöglicht uns, in unserer Komfortzone zu bleiben. Komfortzone – jeder kennt den Begriff, doch was ist das eigentlich? Es ist der Korridor von

Haltungen, Aktionen und Maßnahmen, mit denen wir uns entspannt und komfortabel fühlen. Die Zone der Sicherheit und Bequemlichkeit. Das deutsche Bier auf einer fremden Insel. Das europäisch eingerichtete Hotelzimmer in Afrika. Die 150. PowerPoint-Präsentation.

Doch wenn es eng wird im Leben, wenn wir mit unbekannten Herausforderungen oder gar Bedrohungen konfrontiert werden, kann das Verharren in der Komfortzone schlimm enden. Wir spüren dann, wir müssten uns eigentlich ins Unbekannte wagen. Raus aus der Opferrolle, rein in mutige neue Denkhaltungen. Hier hilft uns die LCL-Formel.

Doch wenn wir die drei Grundhaltungen der LCL-Formel durchgehen, merken wir: In einer schwierigen Lage hängt an jeder der drei Entscheidungen ein PREISSCHILD (Bild 4.2).

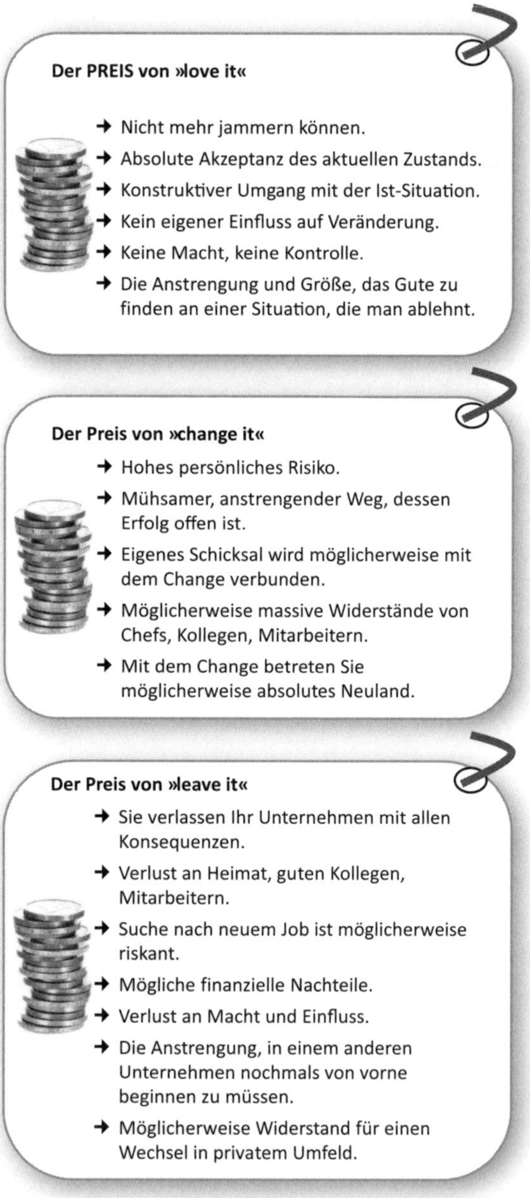

Der PREIS von »love it«

→ Nicht mehr jammern können.
→ Absolute Akzeptanz des aktuellen Zustands.
→ Konstruktiver Umgang mit der Ist-Situation.
→ Kein eigener Einfluss auf Veränderung.
→ Keine Macht, keine Kontrolle.
→ Die Anstrengung und Größe, das Gute zu finden an einer Situation, die man ablehnt.

Der Preis von »change it«

→ Hohes persönliches Risiko.
→ Mühsamer, anstrengender Weg, dessen Erfolg offen ist.
→ Eigenes Schicksal wird möglicherweise mit dem Change verbunden.
→ Möglicherweise massive Widerstände von Chefs, Kollegen, Mitarbeitern.
→ Mit dem Change betreten Sie möglicherweise absolutes Neuland.

Der Preis von »leave it«

→ Sie verlassen Ihr Unternehmen mit allen Konsequenzen.
→ Verlust an Heimat, guten Kollegen, Mitarbeitern.
→ Suche nach neuem Job ist möglicherweise riskant.
→ Mögliche finanzielle Nachteile.
→ Verlust an Macht und Einfluss.
→ Die Anstrengung, in einem anderen Unternehmen nochmals von vorne beginnen zu müssen.
→ Möglicherweise Widerstand für einen Wechsel in privatem Umfeld.

Bild 4.2 *Jede Entscheidung hat ihren Preis*

Unbewusst haben viele Menschen solche Preisschilder im Kopf, wägen ab, versuchen, die Anstrengungen und das Risiko zu minimieren. Genau dieses Verhalten aber verhindert selbstbestimmtes Handeln, verhindert das mutige Aufspüren von Gestaltungsräumen und das Entkommen aus dem ewigen »Hamsterrad«. Schmerzvermeidung nennen die Psychologen dieses Verhalten.

Dabei wissen wir aus unserem eigenen Leben, dass die besonderen Momente, die Durchbruchserlebnisse, die Augenblicke voller Kraft und Energie meist entstanden sind, wenn wir etwas gewagt haben. Sei es im Sport, in der Liebe, im Beruf... immer wenn wir eigene Grenzen überwinden, Neues wagen, unbekanntes Terrain erobern, sind wir in einem hohen energetischen Zustand, der die Möglichkeit des Gelingens enthält. Auch auf einem solchen Weg sind Rückschläge oder Misserfolge möglich, aber diese fühlen sich für uns akzeptabel an, weil wir wissen, wir haben etwas gewagt, wir haben GEHANDELT und nicht gewartet.

Denn nichts ist zersetzender als Resignation, als Selbstaufgabe, als das Abfinden mit einem Zustand, den man nicht annehmen kann. Setzen wir also unserer Bequemlichkeit etwas entgegen. Mut gegen Resignation. Haltung gegen Durchhängen. Stärke gegen Kraftlosigkeit.

4.3 Wie komme ich zur für mich richtigen Entscheidung?

Dieses Buch hat die »Love it, change it or leave it«-Formel als ideales Werkzeug für Menschen dargestellt, die in außergewöhnlichen Situationen stecken. Es geht also um Situationen, die mit großen Zielkonflikten, Dilemmata etc. verbunden sind und zu deren Lösung bisher der Mut oder der Antrieb gefehlt hat.

Sollten Sie zu dieser Gruppe von Menschen gehören, dann stellt sich doch die Frage, was Sie bis heute daran gehindert hat, eine ähnlich klare Entscheidung zu fällen, wie sie die LCL-Formel vorschlägt. Hier greift möglicherweise die These mit den »Preisschildern« und dem Prinzip der Schmerzvermeidung. Sie sollten sich in einer selbstkritischen Betrachtungsweise deutlich machen, dass jede Nicht-Entscheidung letztlich auch eine Entscheidung ist. Eine Frau, die z. B. jahrelang einer Entscheidung über eine mögliche Schwangerschaft aus dem Wege geht, entscheidet letztlich dagegen. Nicht-Entscheidungen erzeugen so gesehen immer ein Vakuum, in dem dann andere Kräfte wirken und Macht übernehmen können.

In einer Güterabwägung der »Preise« für unsere Handlungen stellt sich in diesem Verständnis am Ende möglicherweise der Preis für eine Nicht-Entscheidung als der höchste heraus … (Bild 4.3)

Der Preis von »weitermachen wie bisher«

→ Sie behalten den Status quo – mit allen Konsequenzen.
→ Sie entscheiden sich, eine belastende Situation nicht zu verändern.
→ Sie beweisen sich, dass Sie keine Kraft zum Change haben.
→ Sie verharren im Hamsterrad.
→ Sie schaffen ein Setting, in dem andere über Sie entscheiden.
→ Sie verlieren möglicherweise die Kontrolle.

Bild 4.3 *Sich nicht zu entscheiden, ist auch eine Entscheidung*

15 ULTIMATIVE GEWISSENSFRAGEN: »IST DIE ZEIT REIF FÜR EINE MUTIGE LEBENSENTSCHEIDUNG?«

- Haben Sie schon länger das Gefühl, dass etwas falsch läuft in Ihrem Leben?
- Merken Sie an sich Momente von Perspektivlosigkeit und Resignation?
- Haben Sie das »Feuer«, das früher in Ihnen gebrannt hat, verloren?
- Bekommen Sie von Ihrem sozialen Umfeld kritische Rückmeldungen über Ihren Zustand?
- Bekommen Sie von Ihrem Körper negatives Feedback?
- Haben Sie schon länger aufgegeben, Ziele für Ihr Leben zu formulieren?
- Können Sie die Frage nach den eigenen Erfolgen schon länger nicht mehr zufriedenstellend beantworten?
- Sind Ihre Selbstgespräche von negativen Schwingungen getragen?
- Brauchen Sie Mittel und Strategien, um überhaupt noch durch den Tag zu kommen?
- Vermeiden Sie Stille und Ruhephasen?
- Sind Ihnen die eigenen Bedürfnisse und Wünsche nicht mehr klar?
- Stellen Sie sich öfters und ohne Antwort die Frage nach dem »Sinn«?
- Hat Ihr Partner aufgegeben, mit Ihnen über Ihre Situation zu reden?
- Haben Sie Freunde verloren, die Ihnen früher kritisches Feedback gegeben haben?
- Haben Sie manchmal ein »Titanic-Gefühl« …

Nun nehmen wir an, Sie hätten die innere Überzeugung und den Mut gefunden, eine WIRKLICHE Entscheidung zu fällen – wie gestalten Sie nun den Entscheidungsprozess?

Wie kommen Sie zu Ihrer optimalen Entscheidung?

Was wir in unserer Beratungs- und Coaching-Praxis mit unseren Klienten machen, können Sie auch versuchen, alleine oder mit einem guten Freund oder Partner zu machen.

Wir spielen jede der LCL-Positionen im Detail durch. Das bedeutet, JEDE Variante wird mit der gleichen Aufmerksamkeit und Tiefe bearbeitet, auch wenn der Klient oft bereits Vorentscheidungen und Auswahlen getroffen hat. Gerade in möglicherweise ausgeblendeten Optionen steckt oft das Potenzial für den wirklichen Durchbruch. Dabei stößt man in der Bearbeitung schnell auf tief liegende Glaubenssätze wie z. B.:

- »Eine Veränderung in dieser Firma geht sowieso nicht.«
- »Aus dieser Beziehung kann ich sowieso nicht mehr fliehen.«
- »Dieser Mensch wird sich niemals verändern.«
- »Ich werde mich nie mit dieser Situation anfreunden können.«

Solche GLAUBENSSÄTZE kommen reflektorisch und brachial in uns hoch, wenn wir uns vorstellen, eine der LCL-Varianten tatsächlich umzusetzen. So verständlich diese Glaubenssätze auch sind, wenn man die gemachten Erfahrungen, die Lebensgeschichte und die Prägung eines Menschen berücksichtigt – erst einmal handelt es sich um unsere eigenen Limits.

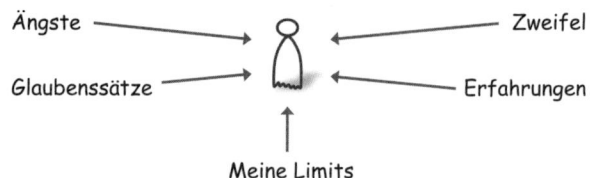

Wenn wir unsere Glaubenssätze für gesetzt halten und unangetastet lassen würden, wäre eine Veränderung oft gar nicht möglich. Nein, in Wirklichkeit handelt es sich vermutlich um »Vor-Urteile«, um Konstruktionen, die wir uns machen, weil wir gewisse Widerstände scheuen, weil wir in der Vergangenheit »unsere Erfahrungen gemacht« haben. Vielleicht sind wir möglicherweise sogar beim Zentrum unseres Problems gelandet. Also sollten wir hier nicht zurückweichen, sondern gemäß der LCL-Formel jede Variante durchspielen.

Um für jede einzelne der drei Varianten eine gesicherte Einschätzung zu bekommen, müssen wir sie sowohl sachlich als auch emotionell ohne Vorfestlegungen abklopfen.

4.3.1 Sachlicher Prüfungsprozess

Gehen Sie für jede der drei Varianten das gesamte Bewertungsraster durch, lassen Sie sich von Emotionen oder inneren Stimmen wie »geht sowieso nicht« nicht beeinflussen. Idealerweise holen Sie sich einen Außenstehenden für die Bewertung, sodass Sie nicht in Gefahr geraten, voreingenommen zu bewerten. Bild 4.4 zeigt einen möglichen Abwägungsprozess.

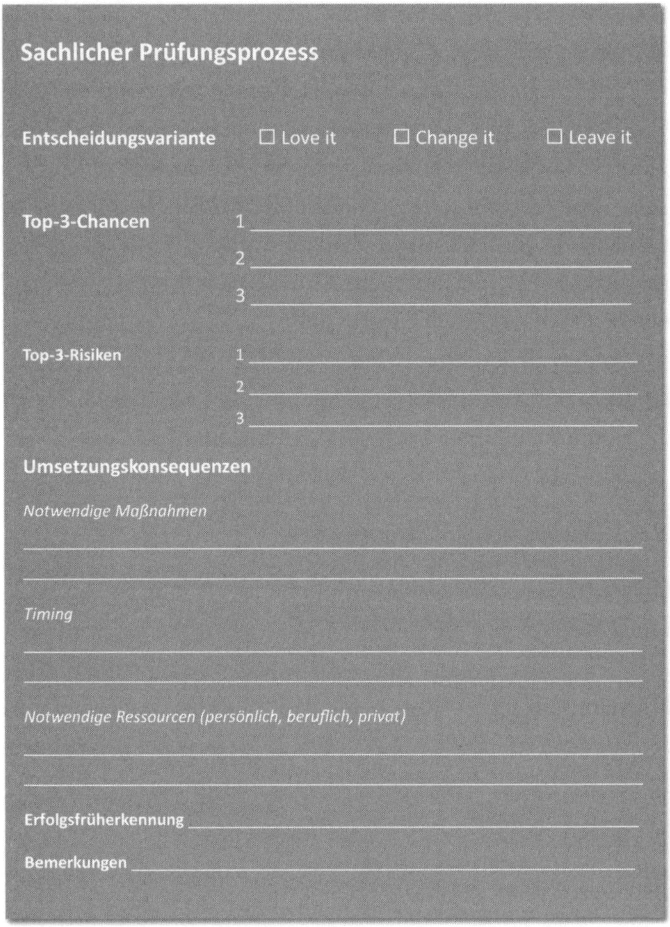

Sachlicher Prüfungsprozess			
Entscheidungsvariante	☐ Love it	☐ Change it	☐ Leave it

Top-3-Chancen
1. _____
2. _____
3. _____

Top-3-Risiken
1. _____
2. _____
3. _____

Umsetzungskonsequenzen

Notwendige Maßnahmen
_____
_____

Timing
_____
_____

Notwendige Ressourcen (persönlich, beruflich, privat)
_____
_____

Erfolgsfrüherkennung _____
Bemerkungen _____

Bild 4.4 *Abwägung zwischen Chancen und Risiken*

4.3.2 Emotionaler Prüfungsprozess

Die emotionale Untersuchung einer Entscheidungsvariante stellt uns vor wesentlich größere Herausforderungen. Denn: Wie kann man seine eigenen Emotionen einigermaßen stimmig vorhersagen? Menschen, die sowieso einen guten Zugang zu ihrer Emotionalität haben, tun sich hier naturgemäß leichter als solche, die in ihrem Leben einen dicken Panzer um ihre Gefühlswelt aufgebaut haben.

Jeder von uns hat in seinem Leben schon Entscheidungen gefällt, mit denen es danach schwergefallen ist, positiv umzugehen. Wir sind dann ratlos vor unseren Gefühlen gestanden und haben uns gefragt: Warum habe ich mir das bloß angetan? Was lernen wir aus solchen Fehlern der Vergangenheit? Letztlich wohl nur die Erkenntnis, dass wir uns besser vorher überlegen sollten, was wir tun. ÜBERLEGEN? Oder doch besser ERFÜHLEN? Das Überlegen leisten wir ja meist ganz gut, wir prüfen die sachlichen Konsequenzen, entwickeln Strategien, planen Maßnahmen. Doch wie es uns wirklich geht, wenn wir in dieser Realität gelandet sind, das erschließt sich aus dieser Herangehensweise noch nicht.

Zugang zu unseren mit einer Entscheidung verbundenen Gefühlen bekommen wir, wenn wir BILDER des Zielzustands entwickeln. Denn wenn wir in Bildern denken, kommen automatisch unsere Gefühle zum Vorschein. Solche Bilder entstehen ganz von alleine, wenn wir in eine Situation hineinfühlen, doch normalerweise legen wir die Bilder weg und kümmern uns um unsere Sachthemen. Sie sollen jetzt das Gegenteil tun, Sie sollten die Sachthemen weglegen und die Bilder an sich heranlassen. Wenn Sie sich z. B. für »love it« entscheiden, dann könnten Bilder hochkommen, wie Sie versuchen, in Ihrem Unternehmen unangenehme, belastende Situationen auszuhalten, wie Sie mit Konflikten oder auch schwierigen Menschen anders als bisher umgehen. Diese tiefe und achtsame Betrachtung der Bilder bringt nun von ganz alleine die Gefühle an die Oberfläche ... in diesem Fall vielleicht Hilflosigkeit, Frustration, Aggression, Hoffnungslosigkeit. Es könnte sein, dass Sie meinen, besser leben zu können, wenn Sie solche unangenehmen

Gefühle unterdrücken. Doch hier, im Vorbereitungsprozess einer wichtigen Lebensentscheidung, sollten wir ehrlich mit uns sein. Also folgen Sie bitte den in Bild 4.5 dargestellten Weg.

> **Emotionaler Prüfungsprozess**
>
> 1. Sie wählen die erste Entscheidungsvariante »love it«.
> 2. Sie versetzen sich bildhaft in die Situation, dass Sie diese Strategie RADIKAL umsetzen.
> 3. Sie erspüren konkrete Momente, in denen Sie die Strategie »love it« umsetzen. Welche Menschen sind damit verbunden? In welchen Räumen sehen Sie sich? Wie agieren Sie? Wie reagiert Ihr Umfeld? Wo ist es besonders schwierig?
> 4. Notieren Sie alle Gefühle, die in Ihnen hochkommen – gerade auch widersprüchliche Emotionen sind wichtig.
> 5. Betrachten Sie bewusst auch kleine positive Chancen, Veränderungen, Momente.
> 6. Spüren Sie Ihren Körper. Welche Signale empfangen Sie, wenn Sie durch Ihre Bilder gehen?
> 7. Notieren Sie Ihr Gesamtfazit und wechseln Sie mit derselben Methodik zur nächsten Entscheidungsvariante »change it«.

Bild 4.5 *Der emotionale Weg zur Entscheidung*

Wenn Sie mit den INNEREN BILDERN auch nach dieser Methodik noch Schwierigkeiten haben, gibt es einen weiteren Zugangskanal zu Ihrem Innenleben: den Dialog mit ihrer INNEREN STIMME. Vielleicht erscheint Ihnen dieser Ansatz auf den ersten Blick sehr esoterisch. Doch handelt es sich um eine ganz bodenständige mentale Technik, die darauf beruht, dass unser Unterbewusstsein gewissermaßen eine eigene Identität, eine eigene Intelligenz darstellt – repräsentiert durch eine innere Stimme, die mit uns permanent verbunden ist.

Möglicherweise war Ihnen das bisher nicht bewusst oder Sie haben die innere Stimme nur als inneren »Gedanken« abgetan. Aber hören Sie einmal ehrlich in sich hinein, und Sie werden schnell merken: Die innere Stimme folgt oft NICHT Ihrem Denken, hat ein Eigenleben, macht kritische oder lobende Kommentare, warnt vor Gefahren, ist Ihr Gewissen und Ihr Schutz, manchmal auch Ihr größter Feind und Kritiker. Jedenfalls ist die innere Stimme ein großer Schatz, den wir alle haben und dessen Potenzial wir viel zu wenig einsetzen. Nicht immer weist sie uns den richtigen Weg, aber oft, sehr oft liegt die innere Stimme mit ihrer blitzschnellen Meinung und Beurteilung richtig. Stimmts?

Viele Menschen reagieren auf die Idee, dass die innere Stimme eine eigene in uns eingebaute Intelligenz ist, mit Verblüffung oder Ablehnung. Manchen ist es unheimlich, einen inneren Beobachter eingebaut zu haben, der die eigenen Handlungen kommentiert. Aber diese emotionale Kompetenz und Intelligenz der inneren Stimme ist vorhanden und sollte für unsere Entscheidungsprobleme aktiv genutzt werden.

Als Sie die letzte Übung mit den inneren Bildern versucht haben, kam die innere Stimme zu Wort. Vielleicht mit Kommentaren wie »Das hast du doch schon jahrelang versucht« oder »Das ist mit dem doch nicht zu machen« oder »Trau dich doch mal, dem XXX ehrlich die Meinung zu sagen« … solche Kommentare müssen wir nicht sofort umsetzen, sie zeigen aber immer DIE Problemanteile auf, die wir selbst verdrängen und auf andere schieben. Hören Sie der Stimme mal genau zu. Wenn Sie die Augen schließen und sich konzentrieren, können Sie sogar ein inneres Gespräch mit der Stimme führen.

Wenn Sie so achtsam und konsequent alle drei Varianten durchspielen und durchleiden, müsste es danach möglich sein, eine Präferenz für eine der drei Strategien zu entwickeln. Wie Sie das letztlich entscheiden, hängt mit Ihren Wertmaßstäben, Ihrem Leidensdruck und Ihrem Mut zusammen. Risikominimierung … Schmerzvermeidung … Chancenmanagement … Ausbruchsversuch … Politik der kleinen Schritte … weiteres

Wachstum … Durchbruch … Bescheidenheit … Hingebung …

Je nach Strategie wird »love it«, »change it«, oder »leave it« das Rennen machen. Wichtig ist nur, dass Sie klar entscheiden und keine undurchsichtige Mischform wählen.

4.4 Wie entsteht ein »Vertrag mit mir selbst«?

Die Entscheidung ist gefallen. Sie haben sich nach Abwägung aller Optionen, nach dem sachlichen Bewerten und emotionalen Erfühlen für eine der drei Varianten entschieden. Nun geht es um die Umsetzung. Idealerweise sollten Sie sofort beginnen, denn eine Verschiebung nach hinten könnte schon wieder eine Aktion aus der Kategorie »Schmerzvermeidung« sein. Jede Verschiebung auf einen späteren Zeitpunkt beinhaltet das große Risiko, dass Sie dann wieder von vorne beginnen und dass Sie möglicherweise der Mut, den Sie HEUTE haben, dann schon wieder verlassen hat. Stellen Sie sich einen Raucher vor, der beteuert, in einem halben Jahr aufhören zu wollen – ziemlich unglaubhaft und energielos. Derselbe Raucher mit der Zigarette in der Hand, der aufsteht und sagt: »Das war die letzte Zigarette in meinem Leben« – sehr energetisch und glaubwürdig. Oft ist es die Kraft des Augenblicks, die uns etwas tun lässt, der Moment des mutigen Handelns und nicht das zögernde Zuwarten. Und dem möglicherweise aufkommenden Wunsch nach Schmerzvermeidung setzen Sie die Haltung entgegen:

SCHMERZ JA – ABER SOFORT

Damit Sie sich diese proaktive Haltung auch unter Anfechtungen und Widrigkeiten bewahren können, sollten Sie einen »Vertrag mit sich selbst« abschließen. Haben Sie schon Erfahrungen mit dieser mentalen Technik? Haben Sie in der Vergangenheit schon erfolgreiche »Verträge« mit sich selbst geschlossen? Oder auch einmal welche gebrochen?

Wenn Sie diese Methodik anwenden, ist es extrem wichtig, dass Ihr Wort etwas gilt, das Sie sich selbst gegenüber geben. Ihr ganzes Selbstwertgefühl, Ihr Stolz, Ihre Glaubwürdigkeit hängt an der Einhaltung solcher Verträge. Menschen, die ihre eigenen »Verträge« brechen – und davon gibt es reichlich –, werden innerlich leer, stehen nicht zu sich selbst, werden gleichgültig und frustriert. Das ist verhängnisvoll. Führungskraft kann man so überhaupt nicht sein, denn man beherrscht ja nicht einmal die Basics der Selbstführung.

Also sollte man verständlichen Anfechtungen, doch den bequemen Weg zu gehen, den Grundsatz »Haltung bewahren« gegenüberstellen. Haltung bewahren gilt nicht nur in der Öffentlichkeit, sondern gerade wenn keiner zuschaut, wenn Sie mit sich alleine sind. Das ist die größte Herausforderung: Haltung vor sich selbst bewahren. Denn die Öffentlichkeit können Sie durchaus eine Weile blenden, sich selbst keinen einzigen Augenblick.

So könnten Sie also nach Ihrer Entscheidung der Sache eine Bedeutung und Verbindlichkeit geben, indem Sie einen kleinen Vertrag aufsetzen – ja natürlich schriftlich! – und unterschreiben. In Ihrem Vertrag sind nochmals die wichtigsten

Beweggründe, Ihre emotionalen Gründe und Ihre Strategie dargelegt, die Sie zu der Entscheidung bewogen haben.

Idealerweise beziehen Sie spätestens jetzt auch Ihren Partner hinzu, er könnte ein wichtiger Sparringspartner sein, wenn Sie in ein paar Monaten vielleicht mit Ihrem Weg hadern. Der unterschriebene Vertrag, den Sie dann in der Hand halten, verkörpert einen wichtigen Wert. Sie können den Vertrag brechen, aber die Gründe, die Sie dazu veranlassen, müssen so bedeutend sein, dass Sie den Vertragsbruch ohne innere Erschütterungen und mit gerader Haltung überstehen.

4.5 »Love it«-Interventionen

Wenn Sie sich für diese Variante entschieden haben, geht für Sie Ihr »normales« Leben ja scheinbar weiter. Und dennoch gibt es eine große Veränderung, die alles in einen neuen Zusammenhang stellt: Sie haben sich BEWUSST entschieden, genau dort zu bleiben, wo Sie sind, haben sich gegen den Versuch der Veränderung und gegen das Weggehen entschieden. Das bedeutet, Sie wollen versuchen, sich stärker auf die positiven Momente dieser Situation zu fokussieren. Das sollte zu Veränderungen in Ihrer Sichtweise, in Ihren Reaktionsmechanismen und in Ihren inneren Haltungen führen. Idealerweise sollten Sie ab dem Zeitpunkt der Entscheidung quasi den Hebel umlegen, um dann auf dieselben Sachverhalte mit einer anderen Brille zu schauen. Dies wird nicht so einfach möglich sein, sonst hätten Sie es in der Vergangenheit ja schon lange gemacht.

Sie werden diese neue Haltung also möglicherweise mühsam lernen müssen. Dabei können Sie sich mental Hilfe holen, wenn Sie sich die nachfolgenden Glaubenssätze immer wieder deutlich machen:

DIE WICHTIGSTEN »LOVE IT«-GLAUBENSSÄTZE

- Ich bin kein Opfer mehr, ich habe das so entschieden und gehe damit in Führung für mein Leben.
- Es tut mir gut, mich für »love it« entschieden zu haben. Mein Körper und meine Seele bekommen Luft und neuen Raum.
- Indem ich den Kampf gegen die Situation einstelle, kann ich in allen Lebensbereichen wieder positiver wirken.
- Den »schwierigen Menschen« in meiner Umgebung unterstelle ich stärker als bisher eine gute Absicht.
- Ich arbeite an meiner Toleranz gegenüber anderen Menschen und deren Handlungen.

Immer dann, wenn Sie aufgrund Ihres Umfelds wieder ins Grübeln kommen, wenn die alten negativen Gedanken in Ihnen hochkommen, sollten Sie nicht vorschnell die getroffene Entscheidung infrage stellen, sondern sich auf Ihre neue Haltung besinnen.

Die kritischen inneren Stimmen können Sie »willkommen« heißen, Sie waren darauf gefasst, dass sie wiederkommen, und nun haben Sie ihnen etwas entgegenzusetzen ...

4.6 »Change it«-Interventionen

Wenn Sie diesen Weg gehen, haben Sie sich dafür entschieden, die Verhältnisse zu verändern, die Sie belasten oder limitieren. Dieses Ansinnen ist für Sie vielleicht nicht neu, vielleicht haben

Sie schon in der Vergangenheit versucht, die Dinge in Ihre Richtung zu lenken, sind aber bisher gescheitert. Oder Sie hatten den Mut und den Impuls bisher nicht, das Thema anzupacken. Wie auch immer – JETZT ist der Beschluss gefallen, und Sie sollten mit einer neuen inneren Kraft und Gewissheit an Ihr »change it« gehen. Dazu gehört, dass Sie für die geplante Veränderung alles in die Waagschale werfen, was Sie haben. Mut, Kraft, Energie, Geld, Zeit. Sie geben jetzt vollen Einsatz, ein Zögern und Zaudern gibt es nicht mehr. Idealerweise entwickeln Sie als Erstes eine Change-Strategie. Denn Sie brauchen einen klugen Plan, wie Sie mit den zu erwartenden Widerständen umgehen. Idealerweise werden Sie Menschen suchen, die Sie bei Ihrem Ziel unterstützen, Sie werden Ressourcen suchen, die Sie entlasten. Und den richtigen Zeitpunkt überlegen, wann Sie in Ihrer Sache loslegen. So werden Sie sich den Erfolg holen, daran sollten Sie ganz fest glauben.

Oft glauben wir, die entscheidende Veränderung sollte bei anderen Menschen, Systemen, Organisationen stattfinden und hat mit uns selbst nichts zu tun. Das ist meist ein folgenschwerer Irrtum – der wichtigste Change findet bei UNS SELBST statt. Von daher sollten Sie sich vor dem Start von Aktivitäten nochmals selbstkritisch überlegen, welchen Anteil Sie selbst an den Schwierigkeiten haben, die Sie mit Ihrem Change überwinden wollen. Vielleicht lehnen Sie im Augenblick eine solche Analyse ab, weil Ihnen die Schuldanteile der anderen Seite so massiv scheinen. Bedenken Sie aber, dass JEDES Problem immer Schuldanteile beider Seiten hat. Von daher sind die für Sie relevanten Fragen:

- Was muss ich selbst an meinen Einstellungen, meinem Verhalten und meinen Aktionen verändern, damit der Change dieses Mal wirklich gelingt?
- Welche Lösungsmöglichkeiten habe ich möglicherweise bisher ausgeblendet?

- Wie stark bin ich möglicherweise von Negativerfahrungen der Vergangenheit geprägt?
- Wie gut gelingt mir mein eigener Umgang mit meinen Emotionen in Bezug auf Veränderung?
- Welche Ressourcen für erfolgreiche Veränderung brauche ich für mich persönlich?

DIE WICHTIGSTEN »CHANGE IT«-GLAUBENSSÄTZE

- Ich habe ein klares Bild der gewünschten Veränderung, das mir Kraft und Sinn gibt.
- Wenn ich mich mit meiner ganzen Energie für die Veränderung einsetze, werde ich es auch schaffen.
- Widerstände gegen meinen Weg erwarte ich, ich bin darauf gefasst.
- Ich finde Unterstützer für meinen Weg, die ich sorgsam mitnehmen werde.

Mit diesen inneren Leitsätzen im Gepäck werden Sie sich nun an die Veränderungen wagen, die Sie in Ihrem Leben/in Ihrem Beruf schon lange vornehmen wollten. Sie kennen die Ausgangslage, Sie kennen die Barrieren und Mauern, Sie kennen die Protagonisten, die Gegner, die Unterstützer, die Intriganten und die anderen Akteure. Sie haben die gewünschte Veränderung vielleicht in der Vergangenheit schon öfters zu erreichen versucht. Aus Gründen, die SIE alleine kennen, hatten Sie bis jetzt nicht den durchschlagenden Erfolg. Doch mit dem LCL-Prozess haben Sie einen inneren Weg beschritten, der Ihre kommenden Handlungen mit einer völlig neuen Entschlossenheit ausstattet. Sie sollten fest daran glauben, dass Sie mit dieser mentalen Kraft das Steuer dieses Mal wirklich herumreißen und die vielfältigen Herausforderungen (Bild 4.6) erfolgreich meistern können.

> **Herausforderungen für Manager in Veränderungsprozessen**
>
> → Authentische Wahrnehmung verschiedener Rollen im Veränderungsprozess.
> → Offener, sensibler Umgang mit Gefühlen.
> → Aushalten innerer Zielkonflikte und Widersprüche.
> → Ausstrahlen einer visionären, positiven Grundhaltung bei Rückschlägen, Problemen.
> → Ständige Suche nach dem richtigen Mix zwischen »zulassen«, Eigendynamik und »steuern«.
> → Sauberer Umgang mit schwierigen menschlichen Themen wie Entlassungen, Versetzungen etc.
> → Ständige Suche nach der »richtigen« Dosis und dem »richtigen« Speed-Faktor. Sichere Navigation in Situationen hoher Komplexität.
> → Kritische Mitarbeiter letztlich gewinnen.

Bild 4.6 *Herausforderungen an Manager*

4.7 »Leave it«-Interventionen

Sie haben den »Love it, change it or leave it«-Zyklus durchlaufen und sind nach gründlicher Überlegung zur Strategie »leave it« gekommen. Das bedeutet, Sie sehen weder im Ausharren noch in der Reform Ihres gegenwärtigen Systems noch eine realistische Möglichkeit. Und dann macht es wirklich SINN, das Spielfeld zu verlassen. Doch mit welcher inneren Einstellung wollen Sie gehen? Aus Zorn? Aus Resignation? Aus einem Fluchtreflex oder einem Gefühl des Scheiterns heraus? Sicher nicht. Sonst hängt Ihnen Ihr »Gehen« negativ als Misserfolg nach und belastet Sie beim Aufbau der neuen Strukturen in Ihrem Leben.

Nein, Sie sollten versuchen, Ihr »leave it« aus einer Position der Stärke und der Selbstbestimmung zu meistern. Wenn Sie alle Optionen der LCL-Matrix geprüft und sich am Ende zum »Gehen« entschieden haben, verlassen Sie die alte Situation nicht als Opfer, sondern als strategischer Macher, der seine Kräfte nicht länger an eine Sache vergeudet, die sowieso nicht mehr zu retten ist. Diese Haltung ist völlig legitim, sinnvoll und klug. Flucht wäre etwas völlig anderes, Flucht würde aus einem Impuls der Schwäche resultieren und wäre nicht getragen von einem strategischen Ansatz.

Es gibt viele verschiedene Arten, ein Umfeld zu verlassen. In Beziehungen haben wir es vielleicht schon kultiviert, haben Mechanismen entwickelt, die uns selbst einigermaßen leben lassen mit dem negativen Spirit, der entsteht. Im beruflichen Kontext herrschen nochmals andere Gesetze. Wenn man aus Toppositionen als Manager ausscheidet, geht es neben den sachlichen Abgrenzungen einer Auflösung auch um emotionale Themen wie »Gesichtswahrung«, »Schuldzuweisungen«, »Schadensminimierung«, »Deutungshoheit« etc. Solche Erwägungen sind ungemein mächtig und bringen Menschen dazu, extreme Anstrengungen zu unternehmen, die Sache in einem positiven Licht erscheinen zu lassen, um sich für die Zukunft keine Optionen zu verbauen.

EMOTIONALE STRATEGIEN BEIM VERLASSEN EINER SITUATION

Gesichtswahrung

... hier bin ich darauf fokussiert, anderen gegenüber ein gewisses Bild von mir als Führungskraft aufrechtzuerhalten, das möglicherweise mit meiner inneren Welt nur wenig zu tun hat.

Schuldzuweisungen

... hier versuche ich, meine eigene »Bilanz« positiver darzustellen, indem ich Schuldanteile an andere weiterschiebe.

Schadensminimierung

... hier versuche ich, durch aktives Eingreifen einen Schaden, der in den letzten Tagen/Wochen entstanden ist, zu meinen Gunsten zu verringern.

Deutungshoheit

... hier versuche ich, aktiv Einfluss auf die interne Deutung meines Ausscheidens zu übernehmen und für mich möglicherweise negative Deutungen zu verhindern.

Ein solches taktisch-politisches Vorgehen ist zwar verständlich, kann aber zu ganz unguten Machtspielen mit den früheren Partnern/Arbeitgebern/Kollegen führen, die einer kraftvollen, friedlichen Trennung massiv im Wege stehen.

Deshalb sind auch beim »Leave it«-Ansatz innere Glaubenssätze wichtig, die uns helfen können, die richtige innere Haltung einzunehmen und uns vor Fehlinterpretationen und Fehlentwicklungen zu schützen. Gerade beim »Gehen« ist es wichtig, klare Signale auszustrahlen. An andere, an einen selbst, an das eigene Umfeld, an das neue Unternehmen. Ja, Sie lesen richtig, auch an das NEUE Unternehmen! Denn die Art, wie Sie sich von Ihrem alten Unternehmen verabschieden, wie Sie mit neuen Geschäftspartnern über Ihren letzten Job reden, verrät viel über Ihren Charakter, über Ihren Umgang in Stresssituationen, über Ihre Toleranz und letztlich über Ihre Denkhaltungen.

 DIE WICHTIGSTEN »LEAVE IT«-GLAUBENSSÄTZE

- Ich gehe aus der Situation mit erhobenem Kopf, nicht als Verlierer oder als Flüchtender, sondern mit klarem strategischem Kalkül.
- Ich verlasse mein altes Unternehmen achtsam, trete nicht nach, sondern versuche, ein befriedetes Umfeld zu hinterlassen. Damit schätze ich nicht nur meine Kollegen und Mitarbeiter, sondern auch meine eigene Arbeit in der Vergangenheit.
- Ich schließe laufende Aktivitäten so ab, dass mein Weggang einen professionellen Charakter hat.
- Ich danke am Ende all denen, die meinen Weg positiv oder kritisch begleitet haben.
- Ich gehe nicht ohne kritische eigene Reflexion: Was an mir und meinem Verhalten hat letztlich zu der Situation geführt, die mir heute als unlösbar erscheint?

Wenn Sie sich nun mental so gestärkt auf den Weg in eine neue Zukunft machen, müssen Sie dennoch Vorkehrungen treffen, dass sich mögliche Fehler der Vergangenheit nicht wiederholen und die notwendigen Lernprozesse eingeleitet werden. Dabei könnte es sinnvoll sein, sich kritisches Feedback aus dem eigenen Umfeld zu holen. Da Sie nicht davon ausgehen können, dass Sie ein solches konstruktiv-unbequemes Feedback von alleine bekommen, sollten Sie ausgewählte Kollegen oder Mitarbeiter gezielt darum bitten. Dies ist anstrengend und unterläuft den Reflex »das Alte ruhen lassen«. Doch für Ihren Neustart können die Erkenntnisse aus solchen Feedback-Gesprächen äußerst wertvoll sein.

5 Von der Einzelaktion zum gemeinsamen Handeln in der mittleren Führungsebene

Der LCL-Ansatz wurde in diesem Buch als universeller Kompass für die einzelne Führungskraft vorgestellt und entwickelt. Was aber, wenn sich die gesamte Führungsebene eines Unternehmens in ihrer Not oder Unzufriedenheit zusammenschließt und eigene Akzente setzt? Sie halten so etwas für unmöglich? Irrtum! Solche ungewöhnlichen Maßnahmen kommen zwar sehr selten vor, haben dann in den zugrunde liegenden Ausnahmesituationen aber eine enorme Wucht und Wirkung.

Urteilen wir nicht vorschnell mit Begriffen wie »Aufstand« oder »Revolution«. Es zeugt von Vitalität, Mut und Führungsstärke, wenn die mittlere Ebene nicht endlos auf Orientierung und Strategien von »oben« wartet, sondern an einem bestimmten Punkt der Entwicklung die Dinge in die eigene Hand nimmt. In der Geschäftsführung wird das als Warnzeichen aufgenommen werden, nur wenige Chefs haben die Größe und das systemische Denken, um eine solche Eigendynamik als besondere Stärke zu empfinden. Doch wenn wir einmal alle machttaktischen Erwägungen beiseitelegen: Was gibt es Besseres, als dass sich die mittlere Ebene selbst organisiert? Solange die Marschrichtung, die hier gemeinsam entwickelt wird, innerhalb des groben strategischen Korridors bleibt, resultiert nur GUTES aus solchen Dynamiken.

Warum kommen solche gruppendynamischen Aktionen aber nicht öfter vor? Meine Antwort bemüht wieder die LCL-Formel: Weil eben viele Führungskräfte in ihrer Opferrolle festhängen, weil sie in innerem Rückzug oder in äußerer Emigration sind, weil sie sich von Kollegen auf gleicher Ebene unverstanden oder im Stich gelassen fühlen … es gibt viele Gründe, warum eine Führungskraft sich nicht um einen Zusammenschluss mit anderen bemüht. Schaut man so auf die Sache, kommt man auch am Phänomen der Angst nicht vorbei. Angst, dass die obersten Chefs die Aktion als Revolte ansehen und zurückschlagen. Angst, dass Sie am Ende mit der Initiative allein dastehen und zum Opfer werden. Angst, dass es einzelne Kollegen geben wird, auf deren Loyalität man sich nicht verlassen kann … und dann hält man in einer Chancen-Risiko-Abwägung lieber still und wartet auf die Initiative der anderen (die aus denselben Gründen nicht kommt).

Da wäre doch die richtige mentale Gegenposition:

 INITIATIVE BEI NOTWENDIGEN VERÄNDERUNGEN ERGREIFEN

- Ich übernehme Führung in der mittleren Führungsebene.
- Ich glaube an die Kraft der gesamten Gruppe.
- Ich gehe ins Risiko, indem ich Mitstreiter für mein Anliegen suche.
- Ich glaube daran, dass die mittlere Ebene die Gestaltungskraft und Führungspower hat, die Dinge selbst in die Hand zu nehmen.

Idealerweise sollte der Kreis der mittleren Führungskräfte alles unterlassen, was die oberste Führung provoziert oder einen möglicherweise konspirativen Eindruck erweckt. Stattdessen sollte der Kreis einen möglichst konstruktiven, offenen Umgang mit den notwendigen Veränderungen pflegen, z. B. als Verbesserungszirkel. In einem solchen Format lassen sich völlig transparent und ohne unnötige Provokation wesentliche Veränderungen/Verbesserungen erzielen. Der entscheidende Punkt ist dabei die Einigkeit der mittleren Führung, für die sich die Leader der Bewegung einsetzen sollten.

6 Praxisinterviews

6.1 Interview 1: Führungskraft mit »Leave it«-Strategie

T. W. hat sich in 30 Jahren vom Mitarbeiter zur Führungskraft und zum stellvertretenden Bereichsleiter eines Unternehmens der Maschinenbaubranche emporgearbeitet, bevor er wegen massiver Veränderungen der Struktur und Firmenkultur »sein« Unternehmen im Alter von 55 verlassen hat ...

Was hat Sie zu diesem außergewöhnlichen Schritt veranlasst?
Die Kurzfassung: Wir haben einen neuen Geschäftsführer bekommen, der in kürzester Zeit einen Struktur-, Führungs- und Wertewandel initiiert hat, mit dem ich trotz aller Bemühungen nicht mitgehen konnte.

Wenn Sie Ihre Erfahrungen der letzten Jahre als Führungskraft unter der Brille von »Love it, change it or leave it« sehen, welche Gedanken kommen Ihnen?
Ich habe in dieser schwierigen Situation alle drei Varianten versucht und natürlich mit »love it« begonnen, was für mich extrem schwierig war. Ich hätte meine ganzen Werte und Einstellungen, wie man mit Kunden, Partnern und Mitarbeitern umzugehen hat, verändern müssen. Und das wollte und konnte ich letztlich nicht. Eine solche Wandlung meiner Wertewelt ist mit mir einfach nicht zu machen.

Wie schnell ist Ihnen klar geworden, dass »love it« in Ihrer Situation nicht möglich sein wird?
Wirklich bewusst wurde es mir nach sechs bis neun Monaten. Am Anfang war die bedrückende Erkenntnis für mich noch verdeckt durch eine Fülle von Strukturveränderungen, die ebenfalls vom neuen Geschäftsführer vorgenommen wurden und die alle am Ende das Ziel hatten, die Werteveränderungen in der Organisation auch strukturell zu verankern.
Haben Sie versucht, Ihren neuen Chef von seinem kompromisslosen Weg abzubringen?
Natürlich, es gab unzählige Gespräche und immer wieder kleine und große Einsprüche. Aber das wurde alles als »Bedenkenträgerei« abgetan.
Nun waren Sie ja mit Ihren Bedenken und Problemen nicht alleine, sondern Teil einer mittleren Führungsmannschaft. Wie hat denn dieses ganze Team auf die Umwälzungen reagiert?
Das hat natürlich für viele Diskussionen unter uns geführt. Wir haben uns mehrfach getroffen, um über den richtigen Weg zu reden. Es gab in der Gruppe – wie das immer so ist – aber sehr unterschiedliche Vorstellungen über den Grad an Radikalität, mit der wir uns beim neuen Chef einbringen. Letztlich gelang uns keine konzertierte Aktion, und jeder hat dann seinen eigenen Weg beschritten.
Man setzt sich ja dem Vorwurf einer »Veränderungsresistenz« aus, wenn man den Weg eines neuen Chefs nicht mitgeht ...?
Absolut, auch von der Konzernleitung wurden wir *immer* wieder gebeten, wir mögen doch die neuen Ansätze mitgehen und den neuen Chef unterstützen. Ich war auch absolut bereit, Veränderungen mitzugehen, denn wir hatten eine kritische Größe erreicht, bei der die bisherigen Abläufe durchaus hinterfragt und neu organisiert werden mussten. Das war uns allen klar. Nur diese Wende war mir zu radikal und in ihrer Ausrichtung auch nicht nachvollziehbar. Punktuelle Verbesserungen hätte

ich gerne mitgetragen. Aber alles – noch dazu mit der Dynamik – auf den Kopf zu stellen, ohne uns mittleren Führungskräfte mitzunehmen, ging einfach nicht. Das konnte ich nicht mehr vertreten.

Damit war »love it« für Sie ausgeschlossen. Haben Sie vor Ihrem »leave it« auch »change it« versucht? Haben Sie versucht, eigene Vorschläge oder Konzepte einzubringen?

Bei vielen Themen, die wir im Führungsgremium besprochen haben, habe ich versucht, meine Meinung einzubringen. Ich bin am Ende aber immer überstimmt worden und musste letztlich Konzepte loyal mittragen, gegen die ich vorher vorgegangen war. Ich wurde immer wieder gezwungen, »Ja« zu sagen zu Ansätzen, die ich nicht gut gefunden habe.

Ist das nicht das »normale« Geschäft einer mittleren Führungskraft?

In dieser radikalen Form ganz sicher nicht. Es hätte mich zerrissen, wenn ich noch länger dabeigeblieben wäre ...

Wenn die mittlere Ebene einig gewesen wäre und sich gemeinsam geweigert hätte ...

Ja, dann wäre vielleicht etwas möglich gewesen, aber das hätte sofort zur Machtfrage geführt, und ob ein »Sieg« für uns wirklich längerfristig vorteilhaft gewesen wäre, kann niemand sagen. Aber in die Situation kamen wir gar nicht, weil die einheitliche Linie im mittleren Führungskreis gar nicht entstanden ist.

Dann war irgendwann klar, dass auch »change it« nicht funktionieren wird?

Ja, es war insofern absurd, als ich im Zuge der Veränderungen immer mehr Verantwortung bekommen habe, innerlich aber so viele Teile der Umbaumaßnahmen ablehnte, dass die Zerrissenheit immer größer wurde. Das hält kein Mensch unendlich lange durch.

Wie haben Sie es überhaupt mental und physisch ausgehalten, sich so vehement gegen eine Entwicklung zu stemmen?
Interessanterweise habe ich das während dieser Phase nicht gemerkt, ich habe irgendwie funktioniert und war im Durchhaltemodus. Man kann das ganz schön lange schaffen, wenn man konditionell einigermaßen trainiert ist. Ich habe erst im Nachgang der ganzen Sache begriffen, was da überhaupt mit mir passiert ist. Die Wertschätzung meiner Mitarbeiter hat mir sicher sehr geholfen.
Dieser mehr oder weniger offen ausgetragene Kampf hat ja sicher auch etwas in Ihren Mitarbeitern ausgelöst ...
Man sitzt natürlich in der klassischen »Sandwich-Position«, in der man in unglaubliche Loyalitätsprobleme kommt. Ich konnte die Sorgen und Widerstände meiner Mitarbeiter so gut ... viel zu gut ... nachvollziehen und sollte als Führungskraft ja trotzdem loyal zur Unternehmensleitung stehen. Das ist auf Dauer nicht zu bewältigen.
Da geht es dann ja wohl ganz um den eigenen Kompass, die eigene Haltung, oder?
Der Kompass war in dieser Phase nicht zu halten, da gibt es Momente, in denen man in den Spiegel schaut und sich selbst nicht mehr wiedererkennt, weil man permanent Dinge tun muss, hinter denen man einfach nicht stehen kann.
Wie haben Sie das ausgehalten?
Heute weiß ich, dass ich mich damals immer mehr abgekapselt und zurückgezogen habe ...
Gab es dann einen bestimmten Punkt in der Entwicklung, wo Ihnen wirklich klar war, dass nun »leave it« notwendig wird?
Einen letzten konkreten Auslöser kann ich nicht finden, aber ich habe gespürt, dass es sowohl körperlich als auch seelisch so nicht weitergeht. Ich fühlte mich zum Handeln gezwungen.
Den Widerstand aufzugeben und dennoch resigniert oder zynisch

im Unternehmen zu verbleiben (was nicht wenige Führungskräfte in solchen Situationen tun) war Ihnen aber nicht möglich?
Nein, das wäre für mich völlig unmöglich gewesen, weil ich so enge Verbindungen zu Kunden hatte, dass ich ständig mit diesen Veränderungsthemen und meinen früheren Werten konfrontiert worden wäre.
Es ging also letztlich um Ihre persönliche Glaubwürdigkeit?
Ja genau, und da hört für mich der Spaß auf! Wäre ich geblieben, hätte ich das körperlich nicht mehr lange geschafft. Nach meinem Weggang habe ich viele Monate gebraucht, überhaupt wieder zu Kräften zu kommen. Erst da habe ich begriffen, wie belastend das Ganze für mich war. Von daher kann ich ganz deutlich sagen: »Leave it« war richtig für mich.
Und dann sind Sie ins kalte Wasser gesprungen und nach 30 Jahren Betriebszugehörigkeit aus eigenem Wunsch ausgeschieden, ohne dass Sie bereits ein fertiges Konzept für eine neue berufliche Ausrichtung gehabt hätten ... War das nicht sehr riskant?
Ich hatte einfach die innere Sicherheit, dass ich einen neuen Weg finden werde. Ich habe in meinem Leben immer daran geglaubt, dass wenn ich wirklich alle meine Kraft für ein Ziel einsetze, dieses auch erreiche.
Die Psychologen nennen das einen »positiven Glaubenssatz« ...
Ich habe das in meinem Leben einfach immer wieder erlebt und war von daher voller Zuversicht. Diese Überzeugung und Kraft hat mich getragen.
Als es dann so weit war, gab es noch innere Anfechtungen?
Eigentlich nicht, es gab noch eine Vielzahl von internen Gesprächen, auch von Versuchen, mich im Unternehmen zu halten, indem man mir andere Funktionen angeboten hat. Aber ich wollte dann den Strich ziehen und etwas Neues wagen.
Und wie haben Ihre Mitarbeiter reagiert?
Es gab viel Bedauern, aber auch ein großes Verständnis, dass es in dieser Situation nicht mehr anders möglich war.

Ihr privates Umfeld hat den Schritt mitgetragen?
Wir haben im familiären Kreis natürlich viel darüber gesprochen, und meine Frau trägt die Entscheidung – wenn auch nicht immer leichten Herzens – mit mir mit.
Zuletzt: Was raten Sie aus Ihrer Erfahrung heraus einer Führungskraft, die in Problemen steckt, wie sie mit der LCL-Formel umgehen soll?
Man muss wirklich alle drei Positionen genau prüfen, wirklich genau! »Love it« und »change it« stehen natürlich erst einmal im Vordergrund der Bemühungen, man gibt ja nicht leichtfertig das auf, was man in seinem Unternehmen aufgebaut hat. Wenn es aber einfach nicht mehr geht, rate ich jeder Führungskraft, Mut und Glauben in die eigene Stärke zu haben und zu gehen. Letztlich geht es auch um die eigene Gesundheit.

6.2 Interview 2: Führungskraft mit »Change it«-Strategie

T. F., Produktionsleiter in einem Technologiekonzern, führt 150 Mitarbeiter.
Herr F., welche Relevanz hat die Formel »Love it, change it or leave it« in Ihrem Führungsalltag?
Die Relevanz ist massiv. Ich verbringe als Führungskraft doch den Hauptteil jeder Woche mit meinen Mitarbeitern und meinen Führungskollegen. Wenn ich diesen Job nicht lieben kann, strahlt das auf alles aus. Auf meine Führungsleistung, auf meine Wirkung im Konzern und letztlich natürlich auch auf mein Privatleben.
Wie zeigt sich denn dann die Wirkung der Formel in der Praxis?
Wenn man ehrlich ist, beschäftigt man sich mit dieser Entscheidungsmatrix ja erst, wenn man ein echtes Problem hat, das mit den kleinen »Führungsbordmitteln« nicht zu lösen ist. »Love it« ist der Idealzustand, und bei nachhaltigen Problemen

rutscht eigentlich jede ernsthafte Führungskraft zuerst einmal in den »Change it«-Zustand. Wer da sofort auf »leave it« geht, hat ja kein wirkliches Commitment zu seiner Führungsaufgabe. Also versuchen wir »change it« und halten uns oft sehr lange dran fest. Wenn wir daran dann nachhaltig scheitern, geraten viele Führungskräfte in eine Sinnkrise …

… und an dem Punkt beginnt ja erst wirklich die ernsthafte Beschäftigung mit der LCL-Formel …

Ja, das stimmt. Einen Zustand, den man als Führungskraft trotz aller Bemühungen nicht verändern kann, zu akzeptieren, ohne sich als Opfer zu sehen, ist mental unglaublich schwierig. Ich würde hier auch eher von »accept it« als von »love it« reden.

Wie schafft man es, diese Kraft und Geduld aufzubringen?

Ich glaube, das geht nur mit der Kraft einer klar verständlichen Vision. Ohne eine solche langfristige Zielausrichtung ist es völlig unmöglich, ungute Zustände zu akzeptieren, ohne innerlich zu resignieren. Ist diese Vision dagegen da und brennt in uns, sind wir viel stärker bereit, auch größte Mühen und Schwierigkeiten auf uns zu nehmen.

Hat man als mittlere Führungskraft in einem Konzern überhaupt Einfluss auf die Entwicklung einer solchen Vision?

Ich sehe hier grundsätzlich zwei unterschiedliche Vorgehensweisen. Ein Unternehmen mit einer klaren Vision erlaubt es den Führungskräften, Ziele für ihre Abteilungen daraus abzuleiten bzw. eine »untergeordnete« Vision zu erstellen. Ein Unternehmen mit keiner oder aufgrund der Unterschiedlichkeit unklareren Vision zwingt im positiven Sinne die starke, proaktive Führungskraft, selbst eine Vision für ihren Bereich zu erstellen und diese dann umzusetzen. Gerade in Großunternehmen sind die Führungskräfte in der mittleren Ebene sowieso darauf angewiesen, für ihren Bereich eine Vision abzuleiten. Ist diese Vision klar formuliert und brennt man dafür, ist ein »accept it« für eine gewisse Zeit zu ertragen, sofern das

Erreichen der Vision hierdurch nicht in Gefahr gerät, sondern lediglich zeitlich verzögert kommt.

Hilft so eine visionäre Ausrichtung in den dunklen Phasen, die man als Führungskraft manchmal erleben muss?

Nur dann, wenn ich glauben kann, die Zustände, die mich stören, irgendwann zu ändern, ohne Gefahr zu laufen, die Vision aus den Augen zu verlieren. Es kommt aber noch ein Thema hinzu. Man agiert in einem größeren Unternehmen ja nicht allein, man ist Teil eines großen Netzwerks und kann seinen eigenen Bereich nicht alleine erfolgreich machen, sondern braucht ein abgestimmtes Vorgehen mit den Kollegen aus dem Verkauf, der Entwicklung etc. Das heißt, vor jeder bereichsspezifischen Visions-/Zielabstimmung steht die bereichsübergreifende Zielabstimmung, die nicht immer einfach sein muss.

... das wäre dann »change it« ...

Richtig, es ist meist ein sehr langer Weg, der nicht durch ein oder zwei Interventionen zu schaffen ist. Man muss die gesamte Prozesskette bearbeiten, alle Schnittstellen optimieren, mit einer Vielzahl von Menschen zusammenarbeiten. Das heißt, man macht sich auf einen langwierigen Weg und sollte sich seine Kraft wie bei einem Marathon einteilen. Wichtig sind hier die Rückmeldungen von Menschen, die einem Mut machen, dass sich kleine Dinge doch in die richtige Richtung bewegen.

Wir reden hier also über einen jahrelangen Prozess der Veränderung?

Definitiv, es braucht Jahre, eine Organisation oder Kultur wirklich zu verändern. Meine Erfahrung ist aber, dass man durch mehr Konsequenz im Bereich der Führung den Prozess bedeutend beschleunigen kann. Aber da geht es natürlich um Verhaltensänderungen von Menschen, und die sind erfahrungsgemäß schwer zu erzielen. Und wie gesagt, das alles kann man in der mittleren Ebene nicht alleine für sich machen, sondern muss es mit einer Vielzahl von Kollegen synchronisieren.

Diese Synchronisierung mit anderen Bereichen scheint offensichtlich der schwierigste Part zu sein ...

Das ist in einem Großunternehmen wirklich komplex, weil es natürlich auch unterschiedliche Interessen und Strömungen gibt. Meine gemachten Erfahrungen sind hier, dass trotz der Schwierigkeit die Synchronität zwischen den Bereichen hier ein erfolgskritischer Faktor ist. Die Erfahrung zeigt, dass ein zu schnelles Vorgehen nur eines Bereiches nicht zu einer Geschwindigkeit des gesamten Prozesses beiträgt, sondern hier eher diesen sogar verlangsamt. Ich nenne dies, sinnvoll die Energie zu bündeln.

Wann kommt im Sinne der LCL-Formel denn dann »leave it« in Betracht?

Ich muss mich als Führungskraft doch jeden Tag fragen: »Was habe ich heute dafür geleistet, dass meine Abteilung, mein Bereich, mein Unternehmen einen Schritt weitergekommen ist?« Wenn ich darauf mehrere Tage, Wochen, Monate keine sinnvolle Antwort finde, wird es spannend. Zu »leave it« kommt man als mittlere Führungskraft dann, wenn das alles irgendwann perspektivlos wird.

Aber viele Führungskräfte wagen den »Leave it«-Schritt dann doch nicht, sie schauen ratlos auf die LCL-Formel und können sich letztlich zu keiner der Varianten wirklich entscheiden ...

Das ist leider so, der »Leave it«-Schritt kostet eben auch eine Menge Mut. Ich glaube, Menschen in Großstädten tun sich hier etwas leichter als Menschen, deren Unternehmen in einem ländlichen Gebiet beheimatet ist – weil sich bei einem Wechsel des Arbeitgebers die persönlichen Umstände kaum ändern, man kann ja letztlich sogar dort wohnen bleiben, wo man im Augenblick ist. Wenn man dagegen im ländlichen Gebiet arbeitet, muss man eine gewaltige Veränderung für die gesamte

Familie wagen ... Doch den Mut sollte man aufbringen, wenn man vorher wirklich alles versucht hat. Dies nutzt sowohl einem selbst, da man hierdurch die Chance hat, in einem Unternehmen zu arbeiten, das besser zu einem selbst passt, als auch dem aktuellen Unternehmen, das die Stelle durch eine geeignetere Führungskraft besetzen kann.

6.3 Interview 3: Führungskraft mit »Love it«-Strategie

T. H., Abteilungsleiter einer Großbank in München.

Herr H. Sie haben sich bei einer Reorganisation Ihrer Bank für die »Love it«-Strategie entschieden, obwohl Ihr Arbeitsplatz komplett weggefallen ist. Warum?
Nach einem ersten Schock, der bei mir durchaus einige Tage gedauert hat und in dem ich mit meinem Schicksal haderte, das mir mit knapp 50 Jahren und 20 Jahren Betriebszugehörigkeit diesen Tiefschlag verpasst hatte, habe ich mich gefangen. Und dann versuchte ich, konstruktiv über meine realen Möglichkeiten nachzudenken.
War Ihnen die LCL-Formel dabei wirklich bewusst?
Ehrlich gesagt: »Nein.« Aber ich habe mich ohne Kenntnis dieses methodischen Ansatzes in ähnlichen Bahnen bewegt. Allerdings nicht mit dem radikalen Ausschlussansatz wie in diesem Buch.
Wie sind Sie vorgegangen?
Ich habe mich hingesetzt und bin gemeinsam mit meiner Frau, die von meinem beruflichen Schicksal ja genauso betroffen ist wie ich, alle Entscheidungsoptionen durchgegangen. Das war im ersten Versuch aber insofern frustrierend, weil mir eigentlich keine der Optionen gefallen hat.
Vielleicht, weil Sie die Trennschärfe der LCL-Formel nicht hatten?
Möglicherweise, jedenfalls haben wir eine Tabelle gemacht und waren danach relativ frustriert. Ich glaube, ich bin es in diesem

ersten Schritt zu kopflastig angegangen. Unser Raster hat letztlich einen Punktevorsprung für »leave it« erbracht, mein Bauch wollte aber emotional nicht mitgehen …
In diesem Dilemma sind ja viele Führungskräfte. Kopf und Bauch für eine bedeutende Lebensentscheidung zusammenbekommen …
Ja, das entpuppte sich als die Hauptschwierigkeit. Zumal ich ein eher rationaler Mensch bin, der Emotionen nicht besonders auslebt und zeigen kann. Aber in dieser speziellen Situation kamen zu meiner eigenen Überraschung plötzlich unglaublich viele Gefühle hoch.
Was waren das für Emotionen?
Ich habe Tage gebraucht, das zu sortieren. Es war WUT auf mein Unternehmen, ANGST um meine Zukunft, NEUGIER auf etwas Neues … ein ganzer Knoten voller Emotionen. Ohne meine Partnerin hätte ich das nicht sortieren können …
Und wie kamen Sie dann in dieser verwirrenden Lage zu einer Entscheidung?
Wir haben einen langen Spaziergang gemacht und sind jede unserer Optionen aus unserer Entscheidungsmatrix nochmals auf ihre emotionale Auswirkung durchgegangen. Und da zeigte sich, dass ich eigentlich nicht gehen WILL, sondern immer noch so viel eigenes Herzblut zu meiner Bank habe, dass ich lieber den Jobwechsel akzeptiere, als frustriert auszuscheiden.
»Love it« im Sinne dieses Buches ist nun aber noch mehr, als nur einen Zustand auszuhalten. Es ist eine innere Haltung, die entstandene Situation wirklich anzunehmen und als positiv zu sehen … Haben Sie diese Wendung geschafft?
Für mich ist das ein Prozess, auf den ich mich einzulassen entschlossen habe. Seit diesem Beschluss kann ich besser mit den Folgen umgehen …
Weil Sie sich nicht mehr als Opfer fühlen?
Genau. Ich weiß ja, dass ich hätte gehen können. Ich habe anders entschieden, und das gibt mir die Kraft, auch schwierige

Momente in der Veränderung durchzustehen. Es gibt natürlich auch Stunden, wo dieses Gefühl, letztlich Opfer einer Entscheidung der Konzernzentrale geworden zu sein, doch wieder auftaucht ...

Und dann ...?
Dann halte ich mich an meiner Maxime fest: DU HAST ES SO ENTSCHIEDEN.
Und nach einer Stunde geht es mir wieder besser ...

Hat Ihr »Love it«-Ansatz Ihre konkreten Handlungen und Entscheidungen in der Veränderungsphase wirklich beeinflusst?
Ganz sicher. Ich habe mit einer positiven, proaktiven Haltung viele Maßnahmen getroffen, die meiner Umwelt signalisiert haben, dass ich die neue Lage wirklich zu gestalten bereit bin. So habe ich wieder Einfluss auf die Dinge nehmen können, denn die Chefs haben sehr genau unterschieden zwischen Führungskräften, die resignativ und negativ den Weg gehen, und solchen, die das Ganze als Herausforderung sehen. Möglicherweise werde ich bald wieder eine neu entstandene Abteilung leiten.

6.4 Interview 4: Führungskraft mit Entscheidungsblockade, die sich für keine der Optionen entscheiden kann

R. S., IT-Leiterin in einer großen Versicherung

Frau S., Sie sind wegen einer massiven Überlastungssituation seit acht Wochen krankgeschrieben und befinden sich gerade in einem Coaching wegen akutem Burnout. Wie sind Sie in diese Situation geraten?
Ich versuche derzeit mit meinem Coach die Antwort darauf zu finden, ich glaube, es war ein schleichender Prozess, der sich über viele Jahre aufgebaut hat.
Wann haben Sie zum ersten Mal gemerkt, dass etwas nicht stimmt?

Als es mir an Sonntagen immer schlechter ging, weil ich schon Angst vor der neuen Woche hatte. Ich habe dann versucht, mit immer neuen Ablenkungsprogrammen gegen die Angst anzukämpfen. Schlafprobleme kamen hinzu, es wurde einfach immer entsetzlicher.
Sie haben aber irgendwie jahrelang so weitergemacht?
Ja, ich wundere mich selbst, wie ich es so lange geschafft habe.
Können Sie heute schon sagen, was letztlich der Auslöser für diese ganze Situation ist?
Vordergründig ist es einfach die berufliche Überlastung. Ich führe 15 Mitarbeiter in meiner Abteilung und wir sind für 200 Arbeitsplätze an unserem Standort verantwortlich. Permanent laufen Störungen auf, ständig kann etwas passieren. Die internen Kunden, also die Kollegen, die mit ihren Rechnern arbeiten, sind sehr anspruchsvoll geworden ... und die Wochenendarbeit an den Kindern vorbei, hat ihr übriges getan.
Dann ist es einfach zu viel Arbeit oder geht es um mehr?
Nein, das wäre viel zu kurz gedacht, das habe ich inzwischen wirklich begriffen. Es hat ja irgendetwas mit mir zu tun, dass ich mein Leben so extrem auf Leistung getrimmt und diese Position erreicht habe. Dass der Preis für meinen Status als Abteilungsleiterin immer höher wurde, habe ich wohl sehr lange verdrängt.
Was hat dieser Weg mit Ihrer Familie gemacht? Sie haben zwei Kinder.
Das hat mir am Ende vielleicht den Rest gegeben, denn meine Beziehung steht kurz vor dem Ende. Ich habe heute das Gefühl, dass ich die ganzen Jahre völlig falsche Prioritäten gesetzt habe.
Was war dann der letzte Auslöser dafür, dass Sie sich jetzt so intensiv mit Ihrem Leben beschäftigen?
Ich hatte vor acht Wochen einen Kreislaufzusammenbruch auf der Fahrt in die Arbeit. Notärzte haben nichts Markantes

gefunden, auch die anschließende Untersuchung in der Klinik brachte nichts, außer einem akuten Erschöpfungssyndrom. Aber für mich waren der Vorfall und die Reaktion meiner Kinder die letzten Auslöser.
Sie sind nach Ihrem Zusammenbruch nicht mehr in die Firma zurückgegangen?
Nein, ich habe auch mit niemand Kontakt aufgenommen und ich arbeite mit meinem Coach an meinem unglaublichen Schuldgefühl meinen Mitarbeitern und meinem Chef gegenüber, sie alle so hängenzulassen.
Aber Ihren Mann und Familie gegenüber hatten Sie die ganzen Jahre keine derartigen Schuldgefühle?
Interessanterweise nicht ...
Im Sinne dieses Buchs stehen Sie ja mit Ihrer Situation wie so viele Führungskräfte vor der Frage Love it, change it or leave it. Ist diese Entscheidung für Sie das, was jetzt in Ihrem Leben ansteht?
Die LCL-Formel ist die völlig richtige Fragestellung – allerdings bin ich so geschwächt, dass ich eine Entscheidung dieser Tragweite im Augenblick überhaupt nicht fällen kann ...
Heißt das, einfach so weitermachen wie bisher?
Nein, das geht auf keinen Fall. Ich kann mir im Augenblick überhaupt nicht vorstellen, in mein Büro zurückzukommen, ich bekomme bei diesen Bildern sofort Angstzustände ...
Also doch die Firma verlassen, was ja» leave it« wäre?
Kündigen möchte ich eigentlich auch nicht. Eher eine längere Auszeit, damit ich klar werde im Kopf ... Es sind so viele Aspekte zu überdenken, so viele Betroffene ...
Was brauchen Sie denn, um für sich selbst über den weiteren Gang der Dinge klarzuwerden?
Ich muss einfach erst einmal das Gefühl bekommen, irgendwie wieder belastbar zu werden. Auch die Menschen um mich herum wissen überhaupt nicht, wie sie mit mir umgehen sollen. Vielleicht sollte ich für eine Weile verschwinden ...

Letztlich werden Sie aber um eine generelle Lebensentscheidung nicht herumkommen, oder?
Das ist sicher richtig, ich spüre dass diese Entscheidung in der Luft liegt, aber meine Arme kommen noch nicht so hoch ...

7 Epilog: Und wenn Sie dennoch nicht entscheiden?

Ich habe versucht, Sie in diesem Buch bis an diese Stelle zu führen und Ihnen deutlich zu machen, dass Sie aus der »Opferrolle« nur herauskommen, wenn Sie selbst in die Aktivität gehen. Dazu hat dieses Buch die drei skizzierten Grundhaltungen mit den dann sich öffnenden vielfältigen Wegen angeboten. Aber was, wenn Sie dennoch nicht entscheiden können oder wollen? Wenn Sie sich vielleicht wehren gegen die stringenten Botschaften des »Love it«, »change it« oder »leave it«?

Entscheidungen offen zu halten, kann sehr sinnvoll im Leben sein. Wenn einem die »innere Stimme« rät, mit einer Entscheidung noch zu warten, bestimmte Entwicklungen erst zu vollenden, bestimmte Rahmenbedingungen erst zu schaffen – dann sollte man sich von keinem Buch der Welt in eine vorschnelle Entscheidung treiben lassen. In meiner Logik hätten Sie dann ein sogenanntes »Will nicht Problem«.

7.1 Nicht entscheiden WOLLEN

Das bewusste »Nicht Entscheiden WOLLEN« hat einen sehr selbstbewussten, fast schon trotzigen Touch. Das kann sehr befreiend und wertvoll sein. Hier einige typische Motivationen für bewusste Nicht-Entscheidungen:

Die phlegmatische Haltung

»Ist mir alles zu anstrengend. Wird sich schon irgendwie lösen.«

Menschen, die diese Haltung einnehmen, neigen dazu, mit Bequemlichkeit und Laissez faire durchs Leben zu gehen und mit einer Portion Schicksalsergebenheit das anzunehmen, was ihnen diese Einstellung bringt.

Die philosophische Haltung

»Man kann sein Leben nicht bewusst gestalten, es passiert einfach was passiert.«

Menschen, die diese Haltung einnehmen, sind von der Einstellung geprägt, dass eine offensive Gestaltung des Lebens nicht möglich und auch nicht sinnvoll ist. Sie »surfen« das Leben mit einer großen Portion »opportunity driven« und haben für sich erkannt, dass Sie von den Wellen des Lebens getragen werden, wenn Sie wirklich loslassen.

Die taktisch-raffinierte Haltung

»Ich habe Vorteile, wenn ich alles offenlasse.«

Menschen, die diese Haltung einnehmen, sind Taktiker, die im Laufe ihres Lebens erkannt haben, dass eine Politik des »Offenlassens« mehr Vorteile bringt, wie das anstrengende proaktive Gestalten. Anstelle grundsätzlicher Positionen suchen diese Menschen ihre Räume und Vorteile im geschmeidigen Balancieren.

> **Die abwartende Haltung**
> *»Ich kann erst entscheiden, wenn...«*
> Menschen, die diese Haltung einnehmen, neigen zu vorsichtigem Warten und haben in ihrem Leben erfahren, dass schnelle Entscheidungen ohne die richtigen Vorbereitungen und Rahmenbedingungen gründlich schiefgehen können.

Wenn Sie Anhänger einer dieser Motivationen sind, werden Sie dieses Buch vielleicht zwar mit Interesse gelesen, aber keinen Handlungsimpuls zur Nachvollziehung des aufgezeigten Entscheidungswegs mitgenommen haben. Die Chancen-Nutzen-Bilanz dieses Vorgehens können alleine SIE abschätzen! Und Sie müssen aufpassen, dass Sie am Ende des Tages nicht doch den richtigen Zeitpunkt verpassen, eine aktive Veränderung in Ihrem Leben aus freien Stücken zu initiieren.

 Zocken ist keine gute Strategie!!

7.2 Nicht entscheiden KÖNNEN

Zu erkennen, dass man selbst trotz äußerer Anleitung nicht in der Lage ist, mit sich selbst zu einer Klärung zu kommen, kann eine schmerzhafte, aber wertvolle Erkenntnis sein. Die Gründe für eine solche Situation können vielfältiger Natur sein. Fehlende Kraft, fehlende Klarheit, fehlende Sicherheit, fehlendes Vertrauen in sich selbst, negative, vielleicht sogar traumatische Erlebnisse mit Fehlentscheidungen in der Vergangenheit. Alle diese Faktoren können Einfluss auf Ihre Entscheidungsfähigkeit haben. Und Sie wissen natürlich: eine »Nicht-Entscheidung« ist letztlich auch eine Entscheidung. Diese indirekt angestoßenen Entwicklungen laufen dann aber OHNE Ihre Einflussnahme ab und sind entsprechend gefährlich. So scheint der Rat sinnvoll, dass Sie Ihre Entscheidungsfähigkeit wiederherstellen, wenn Sie in dieser Lage sind.

> **HANDLUNGSFELDER ZUR WIEDERHERSTELLUNG VON ENTSCHEIDUNGSFÄHIGKEIT**
>
> **Aufbau mentaler Ressourcen**
>
> - Belastende Erfahrungen aus der Vergangenheit erkennen und überwinden
> - Belastende/limitierende Glaubenssätze auflösen
> - Negative Konditionierungen auflösen
> - Ängste/Widerstände auflösen
> - Traumata aufarbeiten
> - Depressive Störungen erkennen und behandeln
> - Perspektivlosigkeit auflösen
>
> **Aufbau physischer Ressourcen**
>
> - Kraftlosigkeit und körperliche Beschwerden überwinden
> - Burnout frühzeitig erkennen und systemisch behandeln
> - Körperliche Symptome von Traumata, Angststörungen und Depressionen erkennen und adäquat behandeln

Die aufgezeigten Handlungsfelder machen deutlich, dass es keinen schnellen Weg zur Herstellung von Entscheidungsfähigkeit gibt, wenn Sie erst einmal in Negativspiralen gelandet sind. Stattdessen müssen vielfältige Erfahrungen der Lebensgeschichte bis in die Kindheit analysiert und im Laufe einer therapeutischen Begleitung bearbeitet werden. Sie werden einen solchen Weg vermutlich nur gehen, wenn Ihr Leidensdruck bereits relativ hoch ist. Leidensdruck ist unangenehm, aber ein nützlicher Beschleunigungsfaktor für anstehende Veränderungen.

7.3 Neuer Zugang durch systemisches Denken

Wenn wir aus einer systemischen Sicht auf Situationen wie diese blicken (es fallen keine Entscheidungen, obwohl sie längst überfällig und nötig sind), dann stellen sich ganz neue Fragen:
- Wofür könnte das Problem gut sein?
- Wenn das Entscheidungsproblem gelöst ist – wer hat ein neues Problem?
- Warum ist es nicht noch schlimmer?

Diese Fragen scheinen auf den ersten Eindruck eigenartig und »ver-rückt«, öffnen aber oft genau die richtigen Türen, um zu erkennen, was eigentlich im Hintergrund passiert. Denn die fehlende Kraft und der fehlende Impuls für eine Entscheidung könnte auch nur ein Symptom für ein tieferliegendes Problem sein. Ist dies erkannt, eröffnen sich neue Perspektiven. Anstatt einer quälenden »Entweder-oder-Blockade« können völlig neue Ansätze entwickelt werden, denn es gibt auch ein »sowohl als auch« und ein »weder noch« und auch noch die Negation dieser dritten Position im sogenannten TETRALEMMA.

Diese logischen Strukturen mögen auf den ersten Blick sehr theoretisch wirken, sind in Wirklichkeit aber hochwirksame Türöffner für knifflige Entscheidungen, die uns möglicherweise jahrelang blockieren. Wenn sich ein Ehepaar zum Beispiel lange Zeit grämt, ob es in München oder Berlin leben soll und letztlich zu keiner Entscheidung kommt, hat es sich aus logischer Sicht in einem *Entweder-oder-Konflikt* eingegraben.

Die Tetralemma-Struktur lehrt uns, dass es drei weitere logische Entscheidungsmöglichkeiten gibt. *Sowohl/als auch* könnte die Tür öffnen für die vielleicht verdrängte oder tabuisierte Möglichkeit, als Paar an beiden Orten zu leben und zu arbeiten und *weder noch* führt aus der Dualität der beiden Städte hinaus in die anderen brachliegenden Optionen für das Paar. Am Ende steht die letzte Position des Tetralemma, die den gesamten Kontext negiert, in dem die Varianten durchgespielt wurden. Das bedeutet, dass die Lösung möglicherweise in keinem der drei vorhergegangenen Positionen besteht. Für das Paar könnte das bedeuten, dass die Wahl des Wohnorts gar nicht das eigentliche Problem ist, das es zu lösen gilt, sondern die Beziehung der beiden zueinander oder die nicht gut kompatiblen Berufe der beiden Partner.

Dieses kleine Beispiel mag illustrieren, wie intensiv Entscheidungsbildungsprozesse sein können, wenn wir unser kleinteiliges Problem-/Lösungsdenken verlassen und tiefer graben, so lange bis wir an die wirklichen Themen kommen, um die es in unserer Entscheidungslähmung geht.

Literatur

Dietz, Ingeborg & Thomas
Selbst in Führung. Achtsam die Innenwelt meistern.
2007 Jungfernmann Verlags, Paderborn

Happich, Gudrun
Ärmel hoch, die 20 schwierigsten Führungsthemen
2011, Orell Füssli Verlag

Koch, Richard
Das 80/20 Prinzip. Mehr Erfolg mit weniger Aufwand
1998, Campus Verlag, New York

Nagel, Gerhard
Wagnis Führung.
1999, Carl Hanser Verlag, München

Nagel, Gerhard
Chefs am Limit
2010, Carl Hanser Verlag, München

Nollau, Nadja
go! Endlich neue Wege gehen
2007, Knaur Ratgeber Verlag,
Droemersche Verlagsanstalt, München

Schwarz, Manfred
Smart Guide Führung
2012, ManagerSeminare

Stöwe Christian,
Führen ohne Hierarchie
2012, Springer/Gabler Verlag

Mathias Varga von Kibèd
Ganz im Gegenteil: Tetralemmaarbeit
Carl Auer Verlag

Johannes Moskaliuk
Leistungsblockaden verstehen und verändern
Springer Verlag

Jens Corssen
Der Selbstentwickler
Beust Verlag

Jens Baum
Wie es weitergeht wenn nichts mehr weitergeht
Kösel Verlag

Tool-Verzeichnis

TOOL 1:
GUT FÜHREN, WENN MAN SELBST SCHLECHT
GEFÜHRT WIRD .... Seite 6

TOOL 2:
FÜHREN IN DER MATRIX........................... Seite 7

TOOL 3:
UMGANG MIT MACHTSPIELEN .... Seite 9

TOOL 4:
EIGENE WERTE LEBEN IM KONZERNUMFELD .... Seite 10

TOOL 5:
SOUVERÄNER UMGANG MIT
CHARISMATISCHEN CHEFS .... Seite 11

TOOL 6:
RAHMEN SCHAFFEN STATT DETAILS BESTIMMEN .... Seite 14

TOOL 7:
GORDON-MODELL – WER HAT EIGENTLICH GERADE
DAS PROBLEM? .... Seite 16

TOOL 8:
EIGENSTEUERUNG STATT FREMDSTEUERUNG .... Seite 19

TOOL 9:
DRAMADREIECK .... Seite 22

TOOL 10:
GEWINNENDE KOMMUNIKATION DURCH ABHOLEN
UND MITNEHMEN .... Seite 24

TOOL 11:
DIE FÜHRUNGSKRAFT ALS »DIENER« IHRES SYSTEMS   Seite 26

TOOL 12:
VERÄNDERUNGSMECHANISMEN . . . .   Seite 29

TOOL 13:
ESKALATIONSSTUFEN BEI
CHANGE-INTERVENTIONEN . . . .   Seite 30

TOOL 14:
DAS UNTERNEHMEN ALS KOMPLEXES
SYSTEM BEGREIFEN . . . .   Seite 32

TOOL 15:
ALTE UND NEUE FÜHRUNGSPYRAMIDE . . . .   Seite 35

TOOL 16:
ROLLENKLARHEIT DURCH »HÜTE-TECHNIK« . . . .   Seite 38

TOOL 17:
WIE WERTE UND GLAUBENSSÄTZE ENTSTEHEN . . . . . .   Seite 40

TOOL 18:
CHECKLISTE: WARUM BIN ICH FÜHRUNGSKRAFT? . . .   Seite 46

TOOL 19:
LEGITIMATIONSDREIECK DER FÜHRUNGSKRAFT. . . . .   Seite 48

TOOL 20:
TYPOLOGIEMODELL . . . .   Seite 51

TOOL 21:
DER TEUFELSKREIS DER SELF-FULFILLING
PROPHECY. . . . .   Seite 55

TOOL 22:
KURZTEST: IHR EIGENER ZUGANG ZU
IHREN EMOTIONEN . . . .   Seite 60

TOOL 23:
CHECKLISTE: BIN ICH SCHON AUF DEM WEG
IN DAS BURN-OUT? . . . .   Seite 66

TOOL 24:
WIE BEWÄLTIGUNGSSTRATEGIEN FUNKTIONIEREN   Seite 70

TOOL 25:
BEWÄLTIGUNGSTYPOLOGIE NACH ENERGIENIVEAUS   Seite 76

Stichwortverzeichnis

A

Abholen 24
Aggression 22, 89
Angst 53, 73, 104
Anpassungsmaßnahme 28
Anpassungsprozess 28, 31
Anspannung 63
Anstrengung 22, 36
Antreiber 53
Arbeitsatmosphäre 23
Ärzteschaft 21
Außenorientierung 50 f.

B

Bedrohung 59
Bedürfnis 21, 66, 70, 85
Bequemlichkeit 81, 83
Bereichsrealität 9
Beruf 58, 60, 63, 83, 97
Bewältigungsstrategie 69 f.
Blackbox 41 f.

Botschafter 51
Bremser 53
Burn-out 4, 8, 13, 22, 63, 65 f., 69

C

Chance 18, 43, 46, 88, 116
Change 27, 30 f., 96
Commitment 44, 113

D

Denken, systemisches 127
Deutungshoheit 70, 99 f.
Dramadreieck 22
Druck 45

E

Effizienz 34, 52
Eigeninitiative 72
Eigensteuerung 19

Einfluss *1, 12, 19, 43, 69,
100, 113, 118*
Einkommen *43*
Emotion *56, 88, 117*
Energie *76, 83, 97*
Entscheidung *53, 73, 78,
83, 90, 117, 123*
Entscheidungsfähigkeit *126*
Entspannung *63*
Entwicklungsmöglichkeit
43
Erfolg *2, 23, 60, 64, 96f.*
Erholungsprozess *28*
Eskalationsstufe *29f.*
Experte *52*

F

Fachkompetenz *21, 47*
Fatalismus *73*
Feedback *6, 66, 74, 85, 102*
Firmeninteresse *62*
Fremdsteuerung *19f.*
Freude *44, 59*
Friktion *52*
Frustration *71, 89*
Führungsanspruch *49*
Führungspyramide *35*
Führungsstil *14f.*
Führungstyp *49*

G

Geist *63*
Gesichtswahrung *99f.*
Gestaltungsmöglichkeit *43*
Glaubenssatz *39f., 53, 55,
86, 95, 97, 101*
Gordon-Modell *16*
Grenzen *43, 83*

H

Haltung *6, 19, 24f., 33, 40,
54, 75, 81, 92, 101, 117,
124*
Hamsterrad *83*
Handeln *15, 45, 53, 61, 72,
83, 92, 103*
Hub *28*
Hüte-Technik *38*

I

Initiative *65, 104*
Innenorientierung *50*
Innovation *35*
Intellektualität *52, 57*
Interventionstechnik *29*
Intuition *30, 49, 57*

Stichwortverzeichnis

A

Abholen *24*
Aggression *22, 89*
Angst *53, 73, 104*
Anpassungsmaßnahme *28*
Anpassungsprozess *28, 31*
Anspannung *63*
Anstrengung *22, 36*
Antreiber *53*
Arbeitsatmosphäre *23*
Ärzteschaft *21*
Außenorientierung *50 f.*

B

Bedrohung *59*
Bedürfnis *21, 66, 70, 85*
Bequemlichkeit *81, 83*
Bereichsrealität *9*
Beruf *58, 60, 63, 83, 97*
Bewältigungsstrategie *69 f.*
Blackbox *41 f.*

Botschafter *51*
Bremser *53*
Burn-out *4, 8, 13, 22, 63, 65 f., 69*

C

Chance *18, 43, 46, 88, 116*
Change *27, 30 f., 96*
Commitment *44, 113*

D

Denken, systemisches *127*
Deutungshoheit *70, 99 f.*
Dramadreieck *22*
Druck *45*

E

Effizienz *34, 52*
Eigeninitiative *72*
Eigensteuerung *19*

Einfluss *1, 12, 19, 43, 69, 100, 113, 118*
Einkommen *43*
Emotion *56, 88, 117*
Energie *76, 83, 97*
Entscheidung *53, 73, 78, 83, 90, 117, 123*
Entscheidungsfähigkeit *126*
Entspannung *63*
Entwicklungsmöglichkeit *43*
Erfolg *2, 23, 60, 64, 96f.*
Erholungsprozess *28*
Eskalationsstufe *29f.*
Experte *52*

F

Fachkompetenz *21, 47*
Fatalismus *73*
Feedback *6, 66, 74, 85, 102*
Firmeninteresse *62*
Fremdsteuerung *19f.*
Freude *44, 59*
Friktion *52*
Frustration *71, 89*
Führungsanspruch *49*
Führungspyramide *35*
Führungsstil *14f.*
Führungstyp *49*

G

Geist *63*
Gesichtswahrung *99f.*
Gestaltungsmöglichkeit *43*
Glaubenssatz *39f., 53, 55, 86, 95, 97, 101*
Gordon-Modell *16*
Grenzen *43, 83*

H

Haltung *6, 19, 24f., 33, 40, 54, 75, 81, 92, 101, 117, 124*
Hamsterrad *83*
Handeln *15, 45, 53, 61, 72, 83, 92, 103*
Hub *28*
Hüte-Technik *38*

I

Initiative *65, 104*
Innenorientierung *50*
Innovation *35*
Intellektualität *52, 57*
Interventionstechnik *29*
Intuition *30, 49, 57*

J

Jobprofil 62

K

Karriere 42, 46
Kindheit 39, 40, 53, 59f., 70, 80
Klarheit 38, 69
Komfortzone 80
Kommunikation 7, 15, 20, 23f., 65
Kompetenz, emotionale 57, 91
Kompetenz, soziale 47
Komplexität 31f.
Kompromiss 78
Konflikt 59, 61, 83
Kontinuität 28
Körper 63ff., 77, 85, 95
Kraftlosigkeit 83
Kraftquelle 58
Kultur 10, 20, 25ff., 31, 34f., 114
Kunden 34
Kundenorientierung 23, 63

L

Legitimation 47, 49
Legitimationsdreieck 48
Leistung 24, 45, 72

Leitbild 9
Loyalität 26, 61ff., 72, 104, 110

M

Macht 8
Managementkompetenz 48
Manager 51
Matrix 7, 76, 99
Methodenkompetenz 17
Mindset 78
Mitarbeiter 34
Mitarbeiterfluktuation 23
Mitarbeiterorientierung 63
Mitnehmen 24
Moderation 33
Moderator 52
Motivation 125
Muster 56, 64, 69, 71

N

Neugier 24, 40

O

Objektivität 53
Offenheit 13, 40, 52
Ohnmacht 20
Opfer 22, 64, 77, 80, 95, 99, 104, 113, 117f.

P

Personenorientierung 50 f.
Perspektivlosigkeit 19, 85
Pflegebereich 21
Preisschild 73, 81, 84
Priorität 61
Privatleben 58, 60, 63, 74, 112
Problem 127
Prüfungsprozess 87

R

Rationalität 57
Realität 10, 56, 89
Reflexion 37, 49, 60, 101
Resignation 2, 13, 19, 71, 83, 98
Ressource 126
Retter 22
Risiko 83, 88, 92, 104
Risikominimierung 91
Rollenerwartung 36
Rollenkonflikt 37
Rollenmodell 56
Rollenüberlastung 37
Rollenzuweisung 25

S

Sachorientierung 50, 58
Sandwich-Falle 12 f.
Schadensminimierung 99 f.
Schmerzvermeidung 83 f., 91 f.
Schuld 22
Schuldzuweisung 100
Seele 64 ff., 95
Selbstanklage 73
Selbststeuerung 2, 13
Self-fulfilling Prophecy 54 f.
Sinn 34, 44 f., 53, 58, 85, 97 f., 113
Stärke 69, 77, 83, 99, 103, 112
Status 43
Stimme, innere 90
Störung 15, 28
Strategie 69, 71 f., 92, 94, 96, 98, 107, 112, 116, 125
Stress 39
System 32
System, komplexes 5

T

Täter 64
Teamfähigkeit 49, 72
Tetralemma 128
Toleranz 24, 95, 101
Top-down 25 f., 35

Translation *32*
Transmissionsriemen *25*
Treiber *12, 39*
Turnaround *28*
Typologiemodell *8, 49, 51 f.*

U

Unbewusstes *11, 30, 39 f., 53, 55, 69 f., 83, 91*
Unternehmenskultur *19, 72*
Unternehmensleitung *5, 32, 62, 72, 110*
Unzufriedenheit *19, 74, 103*

V

Verantwortung *72*
Verdrängung *27*
Verhalten *40, 49, 53 ff., 62, 83, 96, 101*
Verhindern, andere Führungskräfte *44*
Vermittlerrolle *26, 62*
Vision *113 f.*
Vollmacht *1*

W

Werte *10 f., 14, 24, 33, 38 f., 40, 50, 51 ff., 62, 107*
Werteanspruch *9*
Wertesystem *39*
Widerstand *29, 31, 110*
Wille *53*
Wirklichkeit *1, 40, 55, 87*
Work-Life-Balance *IX, 43, 63 f.*
Wunsch *12, 25 f., 63, 73, 85*

Z

Ziel *12, 26*
Zusammenhang, systemischer *31*
Zwang *53*
Zweifel *71*
Zynismus *73*

Der Autor

GERHARD NAGEL, Betriebswirt, hat mehr als 30 Jahre Erfahrung als Berater, Coach und Trainer. Mit dem hochspezialisierten Beratungsunternehmen Nagel.Maier.Partner begleitet er mit seinen Kollegen Unternehmen und Führungskräfte auf ihrem Weg der Veränderung. Dabei stehen die Themen Change-Management, Führungskräfte-Entwicklung und Teamentwicklung im Mittelpunkt der Arbeit. Gerhard Nagel ist Autor von 8 Management-Büchern, seit 1999 arbeitet der Autor mit dem Hanser Verlag zusammen. Entstanden sind 4 spannende Management-Bücher, darunter das Top 10 Buch »WAGNIS FÜHRUNG« und das packende Coaching-Buch »Chefs am Limit«.

Gerhard Nagel hat Erfahrung mit Aufsichtsrats- und Beiratsmanadaten, hält vielbeachtete Vorträge im In- und Ausland und hat Lehrtätigkeiten an der TU München und der University of applied sciences, München.

www.nagel-maier-partner.com